高职高专"十二五"规划教材

湿法炼锌

主　编　夏昌祥　刘洪萍　徐　征
副主编　刘自力　杨志鸿
主　审　雷　霆
参　编　昆明冶专冶金技术专业
　　　　国家级教学团队其他成员

北　京
冶金工业出版社
2025

内容提要

本书首先介绍湿法炼锌的基本知识，包括炼锌简史与原料、锌的性质与用途、锌的形态与品号、炼锌技术与展望；然后介绍湿法炼锌的工艺技术，包括湿法炼锌的实践概况、湿法炼锌的常用工艺、湿法炼锌的其他工艺；接着介绍湿法炼锌的规范生产，包括备料工序、焙烧工序、收尘工序、浸出工序、净化工序、电解工序、熔铸工序、铜镉渣处理工序的规范生产；最后介绍湿法炼锌的创新应用。

本书内容实用，文字叙述规范简洁，编排创新，既是高等工科院校的教学用书，又可作为冶金企业职工的培训教材，还可供业内工程技术人员和管理人员参考。

图书在版编目（CIP）数据

湿法炼锌/夏昌祥，刘洪萍，徐征主编．—北京：冶金工业出版社，2013.6（2025.1重印）

高职高专“十二五”规划教材

ISBN 978-7-5024-6267-3

Ⅰ.①湿… Ⅱ.①夏… ②刘… ③徐… Ⅲ.①炼锌—湿法冶金—高等职业教育—教材 Ⅳ.①TF813.032

中国版本图书馆CIP数据核字（2013）第109701号

湿法炼锌

出版发行 冶金工业出版社　　**电　　话**（010)64027926

地　　址 北京市东城区嵩祝院北巷39号　　**邮　　编** 100009

网　　址 www.mip1953.com　　**电子信箱** service@mip1953.com

责任编辑 任咏玉 宋 良　美术编辑 彭子赫　版式设计 孙跃红

责任校对 李 娜　责任印制 范天娇

北京建宏印刷有限公司印刷

2013年6月第1版，2025年1月第2次印刷

787mm×1092mm　1/16；10印张；242千字；150页

定价 30.00元

投稿电话 （010)64027932　投稿信箱 tougao@cnmip.com.cn

营销中心电话 （010)64044283

冶金工业出版社天猫旗舰店 yjgycbs.tmall.com

（本书如有印装质量问题，本社营销中心负责退换）

序

昆明冶金高等专科学校冶金技术专业是国家示范性高职院校建设项目，中央财政重点建设专业。在示范建设工作中，我们围绕专业课程体系的建设目标，根据火法冶金、湿法冶金技术领域和各类冶炼工职业岗位（群）的任职要求，参照国家职业标准，对原有课程体系和教学内容进行了大力改革。以突出职业能力和工学结合特色为核心，与企业共同开发出了紧密结合生产实际的工学结合特色教材。我们希望这些教材的出版发行，对探索我国冶金高等职业教育改革的成功之路，对冶金高技能人才的培养，能起到积极的推动作用。

高等职业教育的改革之路任重道远，我们希望能够得到读者的大力支持和帮助。请把您的宝贵意见及时反馈给我们，我们将不胜感激！

昆明冶金高等专科学校

前 言

本书作为昆明冶金高等专科学校冶金技术专业国家级教学团队的研究成果之一，是在2006年时任昆明冶专校长夏昌祥教授主编的企业职工技能培训教材《锌湿法冶炼技术》（讲义）使用六年半的基础上，在全球冶金材料科技发展迅猛的背景中，在纳米时代即将如期而至并全面改变世界状况的形势下，面向大中专学生、冶金职工、业内干部和社会人士，以快速理解为目的，以掌握技能为重点，以通俗易懂为原则，以简明扼要为标志，通过修改充实和提炼归纳而编辑出版的。力求设计“湿法炼锌的基本知识、湿法炼锌的工艺技术、湿法炼锌的规范生产、湿法炼锌的创新应用”四方面的简要介绍，使本书成为“快速了解冶金知识的敲门砖、迅速入门湿法冶金的播种机、加速掌握湿法炼锌的加油站、火速开启纳米大门的金钥匙”。

本书努力体现4个特点：

（1）实用性。实际应用讲深讲透，理论原理简约叙述。

（2）规范性。以工序为基础进行介绍，每一工序又建议按照五大模块（每道工序的主要目的、工艺流程、生产原理、操作规范、安全文化）来安排，便于规范，便于熟记。

（3）简洁性。工序要点详细阐述，相关知识简要介绍；力求简明易懂，简单易学，简洁易做；争取一看就会，一学就懂，一做就行。

（4）创新性。本书的出版，既大力推进以安全高效、低碳环保、节能减排、循环经济、环境友好、绿色冶金等现代化管理理念来尽快转变和更新封闭式的冶金企业管理观念，以目视化管理、定置管理、看板管理等现代化管理理论来逐步指导和改变固有化的冶金企业现场管理，以现代企业制度、现代企业文化、股权激励制度等现代化管理方式来不断改进和提升单一性的冶金企业管理水平，尽快推动传统冶金产业朝着现代化的绿色冶金方向大步迈进；更大力推进以纳米技术（可以引发新一轮产业革命）为21世纪最重要主导技术，以超导技术（可以迅速实现高速化）、生物基因技术（可以让生命之树常青）、干细胞技术（可以制造人体万能细胞）和受控热核技术（可以再造一个太阳）为21世纪重点技术的推广普及工作，让更多的人以强烈的危机感、紧迫感、使命感、敏锐感来尽快适应当今这个突飞猛进、瞬息万变的社会。

夏昌祥教授负责全书的构思和设计，最终修改定稿，并具体负责第4章和

第1.4节的编写；刘洪萍教授负责第1.1~1.3节和第2章的编写；徐征教授负责第3.1~3.3节、第3.8节的编写；刘自力副教授负责第3.6节、第3.7节的编写；杨志鸿老师负责第3.4节、第3.5节的编写。

本书由“昆明冶专冶金技术专业国家级教学团队”第一负责人、高级经济师、二级教授夏昌祥担任第一主编，刘洪萍教授和徐征教授分别担任第二、第三主编，由团队第二负责人、博士、博士生导师、二级教授雷霆担任主审，由刘自力和杨志鸿担任副主编，团队的其他成员卢宇飞、谭红翔、张军、邹强、陈福亮、余宇楠、陈利生、杨贵生、张文莉、胡新、杨朝聪、全红、宋群玲、黄卉和龙晓波参编。

本书编写过程中，得到了相关企业和有关人员的大力支持和热情帮助，在此深表谢意。由于时间仓促和水平所限，内容难免疏漏，诚望读者批评指正。

编　者

2013年1月于昆明

目　录

湿法炼锌基本知识

1.1 炼锌简史与原料

1.1.1 炼锌简史

锌在古代就被人类制成黄铜做装饰品应用。我国是最早制造与使用黄铜的国家，后从我国输往欧洲。古代的冶炼者虽以当时所掌握的冶炼方法——炭和氧化矿混合进行还原熔炼，打算得到锌，但未成功。这是因为锌的沸点低，还原后呈蒸气逸出，并立即被氧化成ZnO，因而锌的成功冶炼较Cu、Fe、Pb、Sn要晚一些。直到发现锌蒸气冷凝现象并掌握其冷凝技术后，才产生蒸馏法炼锌。

关于炼锌技术的起源，据考证在我国应用最早，但具体年代不详。最迟在唐代就能制锌，并用锌制作黄铜。到明朝时，炼锌技术已达较高水平。明朝所产锌多产于山西太行一带，湖南荆衡次之。其冶炼方法是将炉甘石（$ZnCO_3$）混炭装入泥罐中，固封风干、烧煮后毁罐，即可得单体锌。当时因见锌色似铅，但性甚猛，所以称为“倭铅”。

黄铜比单体锌制得较早，这是由于熔炼铜矿与$ZnCO_3$矿时还原出来的Zn(g)被铜吸收，从而得到黄铜，古名“瑜石”，明朝已用“黄铜”之名。明朝宣德（1430年）时期制黄铜技术水平很高，宣德香炉至今仍很有名。

锌冶炼技术的重大进步，是在18世纪以后发展起来的，这是由于引入煤炭的结果，制成了高温炉等。进入20世纪，随着电子工业的进步，大量采用自动化管理，制造规模大型化，纯氧或富氧空气、真空技术的应用以及湿法冶金技术的应用，使冶炼技术更趋完善。

近十几年来，我国锌产量迅速增长。1995年为107.67万吨，2000年为195.7万吨，2005年达到271.1万吨。1995~2005年，年均递增9.7%；2000~2005年，年均递增6.7%。随着锌产量基数增大，年均递增率已逐年递减。从2002年起，我国锌产量、消费量均居世界第一，是名副其实的锌生产和消费大国。

据中国国家统计局公布的数据显示，2011年锌产量为522万吨，比2010年增长6万多吨，2012年产量为526.5万吨。

1.1.2 锌的资源状况

1.1.2.1 锌资源储量

根据美国地质调查局发布的《Minerals Commodity Summaries 2011（世界矿产资源综述2011)》，全球探明锌储量为2.5亿吨，锌探明储量大于2000万吨的国家有中国、澳大利亚、秘鲁等，这三个国家合计占世界锌探明资源储量的47.20%，其他主要分布的国家还有美国和哈萨克斯坦。五国的锌储量占世界储量的67.2%，储量基础占世界储量基础的

70.9%。据《2011年中国矿产资源报告》，2010年查明锌资源储量为11596.2金属万吨。根据国土资源部《2012年我国石油天然气和主要固体矿产资源储量情况》报告，从各矿种查明资源储量勘查增加情况来看，2012年中国锌矿储量比2011年新增642.7金属万吨。

1.1.2.2 锌资源特点

锌矿石类型复杂，共伴生组分多，矿床品位普遍偏低，我国以锌为主的铅锌矿床和铜锌矿床较多，而以锌为主的铅锌矿床、独立锌矿床较少。大多数铅锌矿床普遍共伴生铜、铁、硫、银、金等近20种元素，综合利用价值大。铅矿床的品位以低于3%的贫矿为主，高于3%的探明铅储量只占全部探明储量的30%左右；锌矿床品位略高，但仍有约35%以上的探明储量的锌矿的品位低于4%。

1.1.2.3 锌资源处理

目前开采的锌矿石品位较低，不宜直接冶炼，需通过选矿得出含锌40%~60%的精矿才能送去冶炼。硫化铅锌矿主要通过优先浮选得出锌精矿和铅精矿，有时还会得到铜精矿和硫铁矿精矿。

1.1.2.4 中国锌资源

中国锌矿资源分布广泛，遍布内陆29个省、市、自治区，相对集中在滇西兰坪、秦岭-祁连山、狼山-阿尔泰山、南岭及川滇等五大地区。目前全国已探明保有储量的矿产地778处，主要集中在云南、甘肃、内蒙古、广东、广西、湖南和四川等七省区，其保有储量占全国总保有储量的71%。我国已建成东北、湖南、广东、广西、云南和西北五大铅锌生产基地，锌产量占全国总产量的95%。

1.1.3 炼锌的原料状况

炼锌的原料主要是各种含锌矿物、冶金生产过程的含锌二次中间物料以及回收废旧锌材过程中得到的各种含锌二次中间物料。其中，各种含锌矿物是生产锌的主要原料。

1.1.3.1 锌的矿物

目前在自然界中未发现有自然锌，按矿石中所含矿物不同将锌矿石分为硫化矿和氧化矿两类。

A 硫化矿

Zn主要以闪锌矿（ZnS）和铁闪锌矿（nZnS·mFeS）存在，它们是炼锌的主要原料，属原生矿。单金属硫化矿在自然界中发现很少，多以其他金属硫化矿伴生，最常见的为铅锌矿，其次为铜锌矿、铜铅锌矿、锌镉矿。这些矿物中除主要矿物Cu、Pb、Zn外，还常含有Au、Ag、As、Sb、Cd及其他有价金属。这样复杂的矿石称为多金属矿石。此外，还含有FeS_2、SiO_2、硅酸盐等脉石。因其中要提取的金属含量（Zn的质量分数通常为8.8%~16%）不高。不能直接进行冶金处理，需通过优先浮选法分开矿石中的杂质和其他重要金属，得到精矿后再进行冶炼。

B 氧化矿

Zn主要以菱锌矿（$ZnCO_3$）及异极矿（$Zn_2SiO_4 \cdot H_2O$）存在，属次生矿，是硫化矿床上部长期风化的结果，除云南的南坪部分氧化矿含量高外，其含锌量都低于硫化矿。根据品位情况不同，可以分别采取以下3种处理方法：

(1) 对于含锌高的氧化矿，可直接冶炼处理。
(2) 对于锌的质量分数低于10%的氧化矿，可选矿富集后再进行冶炼处理。
(3) 对于难选低品位铅锌氧化矿，则采用火法富集提高品位后再进行冶炼处理。
主要锌矿物及其特性见表1-1。

表1-1 主要锌矿物及其特性

矿物名称	化学式	锌的质量分数/%	硬度/MPa	密度/g·cm^{-3}	颜 色	结晶系	光 泽
闪锌矿	ZnS	67.1	35~40	3.9~4.1	黄色、褐色、黑色	等轴	金刚石的
铁闪锌矿	nZnS·mFeS	<60.0	40	4.2	褐黑色	等轴	金刚石的
菱锌矿	$ZnCO_3$	ZnO，64.8	50	4.3~4.45	白色、灰色、绿色	六方	钢色的
硅锌矿	Zn_2SiO_4	ZnO，73.0	55	3.9~4.2	白色、绿色、黄色	单斜	钢色的
异极矿	$H_2Zn_2SiO_5$或$Zn_2SiO_4\cdot H_2O$	ZnO，67.5	45~50	3.4~3.5	白色、绿色、黄色	斜方	钢色的
红锌矿	ZnO	80.3	40~45	5.4~5.7	褐色、橙黄色	六方	金属的、金刚石的
锌尖晶石	$ZnO\cdot Al_2O_3$	44.3	50	4.1~4.6	褐色、绿色	等轴	钢色的、黄色的

1.1.3.2 锌精矿

硫化锌精矿是生产锌的主要原料，成分（质量分数）一般为：锌45%~60%；铁5%~15%；硫的含量变化不大，为30%~33%。可见，锌精矿的主要组分为Zn、Fe和S，三者共占总量的90%左右，其中，Zn和S占总量的80%左右。所以从经济价值来看，处理精矿的目的，首先应该是回收Zn和S，而铁是过程的重要杂质。在锌精矿中，除主要成分外，还含有砷、锑、钴、镍、锗、镓、铟、铊等有价金属及其他脉石成分二氧化硅、三氧化铝、碳酸钙、碳酸镁。因此，采用的冶炼工艺流程主要有利于原料中的锌和铁的分离以及硫和有价金属的回收。对冶炼而言，希望锌精矿的品位越高越好。浮选锌精矿粒度较细，95%以上小于40μm，堆密度为1.7~2.0g/cm^3。锌精矿的等级标准见表1-2。

表1-2 锌精矿的等级标准

等级	锌的质量分数/%	杂质的质量分数/%			等级	锌的质量分数/%	杂质的质量分数/%		
		Cu	Pb	Fe			Cu	Pb	Fe
1	≥55	≤0.8	≤1.0	≤6.0	5	≥45	≤1.5	≤2.0	≤12.0
2	≥53	≤0.8	≤1.0	≤6.0	6	≥43	≤1.5	≤2.0	≤14.0
3	≥50	≤1.0	≤1.5	≤8.0	7	≥40	≤2.0	≤2.5	≤16.0
4	≥48	≤1.0	≤1.5	≤12.0	8	≥40	≤2.0	≤2.8	≤18.0

1.1.3.3 其他炼锌原料

除硫化锌矿和氧化锌矿是炼锌的主要原料外，镀锌所得的锌灰、熔铸锌时产生的浮渣、钢铁冶金所产的烟灰以及处理含锌物料所得的氧化锌烟尘等也可作为炼锌原料。

1.2 锌的性质与用途

1.2.1 锌的物理性质

锌的物理性质主要是：

（1）色泽。白而略带蓝灰色，断面具有金属光泽。

（2）硬度。较软，仅比铅和锡硬，莫氏硬度为2.5。

（3）展性及延性。室温下呈脆性，但在100~150℃下展性及延性好，其展性比铅小，较铁大，可辊轧成薄片。延性较铜小，较锡大，可抽成细丝。当锌中杂质含量上升时，延展性变坏。

（4）密度。20℃时为7.133g/cm^3，随温度上升，其密度下降。

（5）熔点及沸点。两者较一般的金属都低。$T_{熔}=419.5℃$，$T_{沸}=907℃$。锌易挥发，184℃开始挥发。

（6）流动性。因其熔化后随温度上升，液体表面张力下降，黏度下降，所以其流动性好。

1.2.2 锌的化学性质

锌的化学性质主要是：

（1）锌在潮湿空气中可氧化生成保护膜，常温下不被干燥的空气或氧气氧化。在潮湿的空气中生成保护膜$ZnCO_3 \cdot 3Zn(OH)_2$，保护内部不受侵蚀。

（2）熔融锌与铁可形成化合物保护层，留在铁表面，保护钢铁件免受侵蚀。

（3）商品锌极易溶解在纯H_2SO_4或HCl之中，也可溶于碱中（但不及在酸中溶解快），还可与水银生成汞齐（汞齐不易被稀硫酸溶解），但纯锌不溶于H_2SO_4或HCl中（无论稀浓）。

（4）锌在CO_2+H_2O环境中可迅速氧化为ZnO，此反应是火法冶炼中的决定因素。

（5）锌在湿法炼锌中可起净液作用。锌在电化次序中位置很高，是一种负电金属，可置换许多金属，在湿法炼锌中起净液作用。在化学电源中锌是应用最多的一种负极材料。更重要的是锌的电位较铁负，通过电化作用锌能代替铁被腐蚀，所以锌被大量用于镀覆钢铁材料以防腐蚀。

（6）锌能与许多金属组成合金，如黄铜、青铜、锌和铝、镁、铜的压铸合金等。

（7）氧化锌在1000℃以上用碳还原可得到金属锌。氧化锌的碳还原反应必须在1000℃以上温度下进行，火法冶炼生成挥发的锌蒸气，只有冷凝后才能得到金属锌。

（8）锌与硫和氧发生化学反应存在温差。锌在420℃时开始与硫发生反应，而与氧反应在225℃时便开始发生了。

1.2.3 锌的主要用途

锌的主要用途有：

（1）用于镀锌工业，约为产量的一半，保护钢铁制件。

（2）用于制造合金，如黄铜（Cu-Zn）、青铜（Cu-Sn-Zn）、抗磨合金（Cu-Zn-Pb-Sn），广泛用于机械、国防、交通运输业中。

（3）用于高能电池，高纯锌与银造 Zn-Ag 电池，体积小，能量大，多用于航空与航天仪表上。

（4）用于精密铸件，因其熔点低，流动性好，多用于制造各种精密医疗器械。

（5）用于化学工业，制颜料，$ZnCl_2$作木材防腐剂。

（6）用于冶金工业，锌可做置换剂提 Au 或净液除杂质 Cu 或 Cd 等。

1.3 锌的形态与品号

1.3.1 锌的化合物形态

1.3.1.1 硫化锌

硫化锌（ZnS）是炼锌的主要原料，在自然界中以闪锌矿矿物状态出现。ZnS 是难熔化合物，1200℃时显著挥发。

ZnS 在空气中加热至 600℃以上时发生剧烈的氧化反应，其反应式为：

$$ZnS+\frac{3}{2}O_2 = ZnO+SO_2$$

ZnS 在 Cl_2（气体）中加热时的反应式为：

$$ZnS+Cl_2 = ZnCl_2+S$$

ZnS 不溶于冷 H_2SO_4及稀 HCl 中，但强烈溶于 HNO_3中。

1.3.1.2 氧化锌

氧化锌（ZnO）为白色粉状，当锌氧化、$ZnCO_3$煅烧及 ZnS 氧化时皆能生成 ZnO。ZnO 比 ZnS 更难熔，1400℃时会显著挥发。

ZnO 能被 C、CO 及 H_2还原，其反应式为：

$$ZnO+CO = Zn+CO_2 \quad (T>600℃)$$

在高温下（大于 550℃时），ZnO 能与 Fe_2O_3形成 $ZnO \cdot Fe_2O_3$，并随温度升高，两者接触紧密时，$ZnO \cdot Fe_2O_3$量升高，这对湿法炼锌将产生重要影响。

ZnO 易溶于稀 H_2SO_4及稀 HCl 中。

1.3.1.3 硫酸锌

硫酸锌（$ZnSO_4$）在自然界中发现很少，焙烧 ZnS 时，可形成 $ZnSO_4$，它易溶于水，加热时易分解：

$$ZnSO_4 = ZnO+SO_2+\frac{1}{2}O_2 \quad (T=800℃)$$

当有 CaO 和 FeO 存在时，会加速 $ZnSO_4$的分解，其反应式为：

$$ZnSO_4+CaO \xlongequal{} ZnO+CaSO_4 \quad (T=850℃)$$

$ZnSO_4$被 C 或 CO 还原成 ZnS 需在 800℃以上进行，而此时大部分 $ZnSO_4$已分解形成 ZnO，因此仅一部分被还原。

1.3.1.4 氯化锌

氯化锌（$ZnCl_2$）是在低温时 Cl_2与 Zn、ZnO 或 ZnS 作用而形成的，如：

$$ZnS+Cl_2 \xlongequal{} ZnCl_2+S$$

$ZnCl_2$熔点与沸点都低，500℃时显著挥发。这是采用氯化挥发锌并得以富集的依据。$ZnCl_2$易溶于水。

1.3.2 锌化合物的用途及标准

1.3.2.1 氧化锌

A 用途

氧化锌（ZnO）用做白色颜料，用于印染、造纸、火柴及医药工业。在橡胶工业中，氧化锌用做天然橡胶、合成橡胶及乳胶的硫化活性剂、补强剂及着色剂，也用于燃料锌铬黄、醋酸锌、碳酸锌、氯化锌等的制造。此外，还用于电子激光材料、荧光粉、饲料添加剂、催化剂、磁性材料制造等。

B 标准

中国先后制定了纳米氧化锌国家标准、直接法氧化锌和氧化锌（间接法）国家标准、饲料级氧化锌化工行业标准、工业活性氧化锌和软磁铁氧体用氧化锌化工行业标准、医药级氧化锌中华人民共和国药典（2000 年版）。现将中国已制定的国家标准和化工行业标准汇总，见表 1-3～表 1-8。

表 1-3 纳米氧化锌国家标准（GB/T 19589—2004）

项目		w(ZnO)/%	电镜平均粒径/nm	XRD 线宽化法平均粒径/nm	比表面积/$m^2 \cdot g^{-1}$	团聚指数	w(Pb)/%	w(Mn)/%	w(Cu)/%
指标	1 类	≥99.0	≤100	≤100	≥15	≤100	≤0.001	≤0.001	≤0.0005
	2 类	≥97.0	≤100	≤100	≥15	≤100	≤0.001	≤0.001	≤0.0005
	3 类	≥95.0	≤100	≤100	≥35	≤100	≤0.03	≤0.005	≤0.003
试验方法		EDTA 滴定法	电镜仪器法	X 射线衍射仪器法	气相色潜仪器法	激光粒度仪器法	原子吸收法	原子吸收法	原子吸收法

项目		w(Cd)/%	w(Hg)/%	w(As)/%	105℃，w(挥发物)/%	w(水溶物)/%	w(盐酸不溶物)/%	w(灼烧失量)/%
指标	1 类	≤0.0015	≤0.0001	≤0.003	≤0.5	≤0.10	≤0.02	—
	2 类	≤0.005	—	—	≤0.5	≤0.10	≤0.02	≤2
	3 类	—	—	—	≤0.7	≤0.7	≤0.05	≤4
试验方法		原子吸收法	原子吸收法	分光光度法	重量法	重量法	重量法	重量法

表 1-4 直接法氧化锌国家标准（GB/T 3494—1996）

项目		以干品计，$w(ZnO)$/%	$w(Pb)$/%	$w(Cd)$/%	$w(CuO)$/%	$w(Mn)$/%	金属锌	w(盐酸不溶物)/%	w(灼烧失量)/%
指标	ZnO-X1	≥99.5	≤0.12	≤0.02	≤0.006	≤0.0002	无	≤0.03	≤0.4
	ZnO-X2	≥99.0	≤0.20	≤0.05	—	—	无	≤0.04	≤0.6
	ZnO-T1	≥99.5	—	—	—	—	无	≤0.005	≤0.4
	ZnO-T2	≥99.0	—	—	—	—	—	—	≤0.6
	ZnO-T3	≥98.0	—	—	—	—	—	—	—
试验方法		EDTA滴定法	原子吸收光谱法	原子吸收光谱法	原子吸收光谱法	原子吸收光谱法	氧化还原滴定法	重量法	重量法

项目		w(水溶物)/%	w(>45μm粒子)/%	105℃，w(挥发物)/%	遮盖力/$g \cdot m^{-2}$	吸油量/$g \cdot g^{-1}$	消色力/%	颜色(与标准样品比)
指标	ZnO-X1	≤0.4	≤0.4	≤0.4	—	—	—	—
	ZnO-X2	≤0.6	≤0.6	≤0.4	—	—	—	—
	ZnO-T1	≤0.4	≤0.4	≤0.4	≤150	≤0.10	100	符合标样
	ZnO-T2	≤0.6	≤0.6	≤0.4	≤150	≤0.10	95	符合标样
	ZnO-T3	≤0.8	≤0.8	≤0.4	≤150	≤0.7	95	符合标样
试验方法		热萃取法	筛分法	重量法	目视法	重量法	比较法	对比法

表 1-5 间接法氧化锌国家标准（GB/T 3185—1992）

项目			以干品计，$w(ZnO)$/%	金属物$w(Zn)$/%	氧化铅$w(Pb)$/%	氧化锰$w(Mn)$/%	氧化铜$w(Cu)$/%	w(盐酸不溶物)/%	w(灼烧失量)/%
指标	BA01-05（Ⅰ型）	优等品	≥99.70	无	≤0.037	≤0.0001	≤0.0002	≤0.006	≤0.2
		一等品	≥99.50	无	≤0.05	≤0.0001	≤0.0004	≤0.008	≤0.2
		合格品	≥99.40	≤0.008	≤0.14	≤0.0003	≤0.0007	≤0.05	≤0.2
	BA01-05（Ⅱ型）	优等品	≥99.70	无	—	—	—	—	—
		一等品	≥99.50	无	—	—	—	—	—
		合格品	≥99.40	≤0.008	—	—	—	—	—
试验方法			EDTA滴定法	氧化滴定法	氧化还原滴定法、原子吸收光谱法	氧化还原滴定法、原子吸收光谱法	氧化还原滴定法、原子吸收光谱法	重量法	重量法

项目			w(>45μm粒子)/%	w(水溶物)/%	105℃，w(挥发物)/%	吸油量/$g \cdot g^{-1}$	颜色(与标准样比)	消色力(与标准样比)/%
指标	BA01-05（Ⅰ型）	优等品	≤0.10	≤0.10	≤0.3	—	—	—
		一等品	≤0.15	≤0.10	≤0.4	—	—	—
		合格品	≤0.20	≤0.15	≤0.5	—	—	—
	BA01-05（Ⅱ型）	优等品	≤0.10	≤0.10	≤0.3	≤0.14	近似	≥100
		一等品	≤0.15	≤0.10	≤0.4	≤0.14	微	≥95
		合格品	≤0.20	≤0.15	≤0.5	≤0.14	稍	≥90
试验方法			筛分法	热萃取法	重量法	重量法	目视法	比较法

表 1-6 软磁铁氧体用氧化锌化工行业标准（HG/T 2834—1997）

项目		w(ZnO)/%	w(水溶物)/%	w(盐酸不溶物)/%	金属物 w(Zn)/%	w(灼烧失量)/%	氯化物 w(Cl)/%	w(Pb)/%	w(Mn)/%
指标	一等品	≥99.75	≤0.10	≤0.005	无	≤0.2	≤0.005	≤0.03	≤0.0001
	合格品	≥99.65	≤0.10	≤0.008	—	≤0.2	—	≤0.04	≤0.0002
试验方法		EDTA 滴定法	热萃取法	重量法	氧化滴定法	重量法	目视比浊法	氧化还原滴定法、原子吸收光谱法	氧化还原滴定法、原子吸收光谱法

项目		w(Cu)/%	w(Cd)/%	w(Ni)/%	105℃，w(挥发物)/%	表观密度 紧密度 /$g \cdot mL^{-1}$	表观密度 松密度 /$g \cdot mL^{-1}$	w(>45μm 粒子)/%
指标	一等品	≤0.0002	≤0.005	≤0.10	≤0.2	0.8~1.0	0.4~0.5	≤0.05
	合格品	≤0.0004	≤0.03	—	≤0.4	0.8~1.0	0.4~0.5	≤0.15
试验方法		氧化还原滴定法、原子吸收光谱法	原子吸收光谱法	原子吸收光谱法	重量法	重量法	重量法	筛分法

表 1-7 工业活性氧化锌化工行业标准（HG/T 2572—1994）

项目		w(ZnO)/%	水分/%	105℃，w(挥发物)/%	w(水溶物)/%	w(灼烧失量)/%	w(盐酸不溶物)/%	氧化铅 w(Pb)/%
指标	一等品	95~98	≤0.7	—	≤0.5	1~4	≤0.02	≤0.02
	合格品	95~98	≤0.7	—	≤0.7	1~4	≤0.05	≤0.05
	标准草案	95~98	—	≤0.5	≤0.5	1~4	≤0.04	≤0.04
试验方法		EDTA 滴定法	重量法	重量法	重量法	重量法	重量法	原子吸收光谱法

项目		氧化铜 w(Cu)/%	氧化锰 w(Mn)/%	氧化镉 w(Cd)/%	w(>45μm 粒子)/%	外形结构	比表面积 /$m^2 \cdot g^{-1}$	堆积密度 /$g \cdot mL^{-1}$
指标	一等品	≤0.001	≤0.001	—	≤0.1	—	≥45	≤0.35
	合格品	≤0.003	≤0.003	—	≤0.4	—	≥35	≤0.40
	标准草案	≤0.001	≤0.001	≤0.04	≤0.1	球状或链球状	≥40	—
试验方法		原子吸收法	原子吸收法	原子吸收法	筛分法	透射电镜法	BET 法	重量法

表 1-8 医药级氧化锌和饲料添加剂氧化锌化工行业标准（HG/T 2792—1996）

项目	w(As)/%	w(Pb)/%	w(Cd)/%	w(ZnO)/%	w(Zn)/%
医药级氧化锌	≥99.0	—	≤0.0002	—	合格
HG/T 2792—1996	≥95.0	≥76.3	≤0.001	≤0.005	≤0.001
试验方法	EDTA 滴定法	砷斑法	原子吸收法	比浊法	原子吸收法

项目	w(<45μm 粒子)/%	w(Fe)/%	w(灼烧失量)/%	碳酸盐与酸中不溶物	碱度
医药级氧化锌		≤0.005	≤1.0	合格	合格
HG/T 2792—1996	≥95	—	—	—	—
试验方法	筛分法	目视比色法	重量法	目视法	酸碱滴定法

1.3.2.2 硫化锌

A 用途

硫化锌（ZnS）用做分析试剂、颜料、填料、白色和不透明玻璃、充填橡胶、塑料；电子真空镀膜、电视荧光屏。作为重要的荧光材料，它用于电池屏、荧光粉、荧光发光材料；还应用于半导体元件、压电、光电、热电器件；还可用做紫外辐射、阳极射线、X光射线、γ射线、激光辐射探测器材料，激光窗口材料，ZnS薄膜异质结光电器件等。

B 标准

由于硫化锌种类繁多，在不同行业的使用有各自的标准。这里就不一一列出了。

1.3.2.3 硫酸锌

A 用途

硫酸锌（$ZnSO_4$）是允许使用的食品锌强化剂；主要用于人造纤维凝固液；在印染工业用做媒染剂、凡拉明蓝盐染色的抗碱剂；是制造无机颜料（如锌钡白）、其他锌盐（如硬脂酸锌、碱式碳酸锌）和含锌催化剂的主要原料；用做木材及皮革保存剂、骨胶澄清及保存剂；医药工业用做催吐剂；还可用于防止果树苗圃的病害和制造电缆以及锌微肥等方面；食品级产品可用做营养增补剂（锌强化剂）等。

B 标准

硫酸锌的相关行业标准分别见表1-9～表1-11。

表1-9 工业硫酸锌化工行业标准（HG/T 2326—2005）

项目			w(Zn)/%	w($ZnSO_4·H_2O$)/%	w($ZnSO_4·7H_2O$)/%	w(不溶物)/%	pH值	w(Cl^-)/%	w(Pb)/%	w(Fe)/%	w(Mn)/%	w(Cd)/%
指标	Ⅰ型	优等品	≥35.70	≥98.0	—	≤0.020	≥4.0	≤0.20	≤0.002	≤0.008	≤0.01	≤0.002
		一等品	≥35.34	≥97.0	—	≤0.050	≥4.0	≤0.60	≤0.007	≤0.020	≤0.03	≤0.007
		合格品	≥34.61	≥95.0	—	≤0.10	—	—	≤0.10	≤0.060	≤0.05	≤0.010
	Ⅱ型	优等品	≥22.51	—	≥99.0	≤0.02	≥3.0	≤0.20	≤0.001	≤0.003	≤0.005	≤0.010
		一等品	≥22.06	—	≥97.0	≤0.050	≥3.0	≤0.20	≤0.001	≤0.020	≤0.10	≤0.010
		合格品	≥20.92	—	≥92.0	≤0.10	—	—	≤0.010	≤0.060	—	—
试验方法			EDTA滴定法	EDTA滴定法	EDTA滴定法	重量法	仪器法	电位滴定法	原子吸收法	分光光度法	原子吸收法	原子吸收法

表1-10 饲料级硫酸锌化工行业标准（HG/T 2934—2004）

项目		w（硫酸锌）/%	w(Zn)/%	w(As)/%	w(Pb)/%	w(Cd)/%	w(<0.25mm粒子)/%	w(<0.8mm粒子)/%
指标	Ⅰ型（$ZnSO_4·H_2O$）	≥94.7	≥34.5	≤0.0005	≤0.002	≤0.003	≥95	—
	Ⅱ型（$ZnSO_4·7H_2O$）	≥97.3	≥22.0	≤0.0005	≤0.001	≤0.002	—	≥95
试验方法		EDTA滴定法	EDTA滴定法	砷斑法	原子吸收法、比色法	原子吸收法	筛分法	筛分法

表 1-11 医药级硫酸锌（中国药典 2000 年版）

项目	w(硫酸锌)/%	w(碱和碱土金属)/%	w(Pb)/%	重金属(铅、铁、铜盐)	澄清度	酸度
指标	99.0~103.0	≤0.5	≤0.001	合格	合格	合格
试验方法	EDTA 滴定法	重量法	比色法	目视法	目视法	比色法

1.3.2.4 氯化锌

A 用途

氯化锌（$ZnCl_2$）除用于热镀锌的助镀之外，还可以用做有机合成工业的脱水剂、催化剂，以及染织工业的媒染剂、上浆剂和增重剂，也可用做石油净化剂和活性炭活化剂，还可用于电池、硬纸板、电镀、医药、木材防腐、农药和焊接等方面。近年来，随着小型电器的不断增多，同时石油、有机合成等工业发展迅猛，氯化锌需要量也在大量地增加，从而促进了氯化锌工业生产的发展。

B 标准

工业氯化锌化工行业标准见表 1-12。

表 1-12 工业氯化锌化工行业标准（HG/T 2323—2004）

项目			w(氯化锌)/%	w(酸不溶物)/%	w(碱式盐(以ZnO计))/%	$w(SO_4^{2-})$/%	w(Fe)/%	w(Pb)/%	w(碱和碱土金属)/%	锌片腐蚀试验	pH值
指标	Ⅰ型（电池工业用）	优等品	≥96.0	≤0.01	≤2.0	≤0.01			≤1.0	通过	—
		一等品	≥95.6	≤0.02			≤0.0005	≤0.0005			
	Ⅱ型（一般工业用）	一等品	≥95.0	≤0.05	≤2.0	≤0.01	≤0.001	≤0.001	≤1.5	—	—
		合格品	≥93.0			≤0.05	≤0.003				
	Ⅲ型（液体）		≥40.0	—	≤0.85	≤0.04	≤0.0002	≤0.0002	≤0.5	通过	3~4
试验方法			亚铁氰化钾滴定法	重量法	盐酸溶液滴定法	比浊法	比色法	比色法	重量法	目视法	仪器法

1.3.3 锌的品号及用途

锌的品号及用途见表 1-13。

表 1-13 锌的品号及用途

锌品号	锌的质量分数/%	用途举例
0 号	≥99.995	用于制造高级合金及特殊用途
1 号	≥99.99	主要用于高级氧化锌、医药与化学试剂、电镀锌、压铸零件
2 号	≥99.96	主要用于制锌合金、电池锌片及压铸零件
3 号	≥99.90	主要用于锌板、热镀锌及铜合金
4 号	≥99.50	主要用于制锌板、锌粉、热镀锌、普通铸件及氧化锌
5 号	≥98.70	主要用于制含锌铜铅合金、普通氧化锌和普通铸件

1.4 炼锌技术与展望

1.4.1 炼锌的主要技术

炼锌的技术较多，但归结起来可分为火法炼锌技术和湿法炼锌技术两大类。其中，湿法炼锌技术在工业上占有主导地位，产量为总产量的80%以上。湿法炼锌技术将在相关部分予以介绍，本部分简要介绍火法炼锌的相关技术。

火法炼锌的共同特点：它是利用锌的沸点（906℃）较低，在冶炼过程中用还原剂将其从氧化物中还原挥发，从而使锌与脉石和其他杂质分离，锌蒸气进入冷凝系统被冷凝成金属锌。而硫化锌精矿则需经过焙烧而氧化成氧化物，然后再进行还原挥发、冷凝得到粗锌，粗锌经精馏后得精锌。

火法炼锌的反应方程式为：

$$ZnO+CO = Zn(g)+CO_2$$

火法炼锌的原则流程如图 1-1 所示。

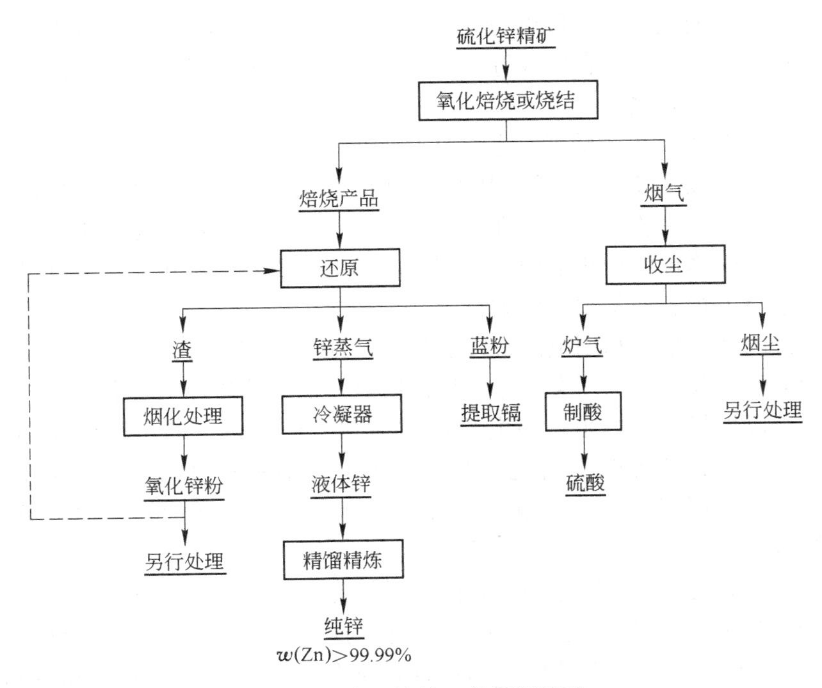

图 1-1 火法炼锌工艺原则流程

火法炼锌按其使用的设备不同，主要有平罐、竖罐、电炉法和密闭鼓风炉等技术。

（1）平罐炼锌技术。第一台平罐炼锌炉于 1807 年投入工业化生产，开创了现代锌冶金的先河。平罐炼锌是将氧化矿或硫的质量分数小于 1% 的焙砂配入适量的还原剂后，靠人工装入平罐蒸馏炉中平放小罐内，然后加热炉体使罐内炉料升温到 1000℃以上，炉料中锌被还原成锌蒸气，从罐内挥发到罐外的小冷凝器中冷凝成液体锌，残余的锌蒸气与 CO 一道进入延伸器中冷凝成蓝粉，剩余的 CO 在延伸出口自燃。

平罐炼锌具有设备简单、不用焦炭、耗电少、便于建设等优点。但平罐炼锌的罐渣含锌达5%～10%，需要进一步处理，加上其他挥发损失，锌的回收率仅为70%～80%；由于罐子的体积小，进出料完全靠人工操作，难以实现完善的机械化，从而造成劳动强度较大，操作难度增加、环境污染严重等问题，而且燃料和耐火材料的消耗均比较大。因此，技术落后的平罐炼锌现已基本上被淘汰，世界上仅我国落后地区的一些小厂仍然采用该技术进行粗锌生产。

（2）竖罐炼锌技术。竖罐炼锌是在平罐炼锌的基础上发展起来的，其原料性质和冶炼的技术操作条件与平罐炼锌基本相同。由于其装料罐体直立，罐体的进出料皆可实现机械化，从而使竖罐炼锌设备实现了大型化和机械化的操作，使劳动条件得到一定改善，提高了劳动生产率。对于缺少电力和焦炭的地区，这种方法具有独特的适应性。但此法仍不可避免有罐体的间接加热，必须采用换热性能好而价格却很昂贵的碳化硅制品作为罐体材料，从而使投资增加，运行费用增高。竖罐炼锌仍未解决单罐产锌能力低、热效率低等缺点；而且炉料准备工序（压团、干燥）复杂，使备料作业费用提高。目前，世界上大多数竖罐炼锌厂已被迫减产、停产或转产。但我国的葫芦岛锌厂的竖罐炼锌技术通过不断完善和改进，如：锌精矿采用高温流态化焙烧、改造和简化制团工艺、精制优质团矿、强化蒸馏过程、实行竖罐大型化、以廉价煤为燃料、多层次回收废热以弥补间接加热的不足、开拓了旋涡熔炼技术、扩大了综合回收等，提高了该方法的技术水平。因此，竖罐炼锌目前还是我国主要的炼锌工艺之一。

（3）电炉炼锌技术。电炉炼锌工艺是在早期的火法炼锌工艺上发展起来的。早期的火法炼锌如平罐、竖罐炼锌过程，是采用煤或其他燃料如煤气等，将罐体加热到1200～1300℃，从而使矿物发生还原反应。在1885年，科乌尔斯兄弟首先提出用电加热平罐的设想，随后各种实验炼锌电炉相继问世，如卡左列纪与别尔丹尼电炉、道尔哲马根实验电炉、斯坦斯菲尔特电炉、沙尔纪尤电炉等。

电炉法炼锌的特点是，利用电能直接加热炉料连续蒸馏出锌。电炉法炼锌所用的电炉形式可归纳为电弧炉和电阻炉两类。电阻炉是以氧化矿和焙砂作为原料，配入适量还原剂即作为炉料，并以炉料作为电阻。当电流通过炉料时产生热，即供反应使用，炉料同平罐、竖罐炼锌一样在锌蒸馏时不熔化。但该炉体由于结构较复杂，且炉子寿命太短，仅115天～3个月，因而在世界上没有被广泛推广，现仅美国新泽西锌公司和圣·约瑟夫铅公司采用此技术。

电弧炉也是以氧化矿和焙砂作为原料配入适量焦炭作还原剂，并需配入适量熔剂，电极被直接插入熔池中，当电流通过炉料时，在电极与炉渣之间产生电弧，电弧温度约3000～4000℃，使料中锌蒸发挥发，而其他金属如铁也部分被还原沉入池底，脉石则熔化造渣。19世纪末，瑞典的德拉瓦尔建立了第一座炼锌电弧炉，为电炉炼锌做出了重大贡献。随后，挪威和瑞典的其他锌生产厂也采用该技术建立了处理锌矿石的生产厂，1914年，美国的哈德福特在康纳州建立了一座炼锌电炉，熔炼含锌37%的焙烧矿。这些电炉炼锌过程中主要采用液态炉渣。我国的电炉炼锌始于1985年，当时采用矩形电炉，随着电炉功率的增大，又开始使用圆形电炉。我国的电炉炼锌和锌粉主要采用熔炼液态渣的办法。该技术最先在邯郸冶炼厂采用，随后推广到我国的河南、陕西、甘肃和青海等。现在甘肃某锌冶炼厂采用该技术生产锌2000t/a。

电炉炼粗锌和锌粉，具有对原料成分适应性很强的优点，不论是高铁锌矿还是高硅锌矿以及各类含锌中间物料，电炉熔炼工艺都能很好地对这些锌物料进行处理。但由于电炉炼锌耗电量太大，所以该炼锌工艺的应用受到一定限制。

（4）ISP 炼锌技术，又称密闭鼓风炉炼锌法或帝国熔炼法。这是英国帝国熔炼公司在鼓风炉熔炼法的基础上开发出来的处理工艺，于 1950 年投入工业化生产，目前，世界上有 11 个国家使用该工艺进行锌的生产。1977 年，我国韶关冶炼厂采用 ISP 法生产锌，随后白银冶炼厂也采用该工艺进行锌的生产。

ISP 法炼锌是将铅锌比为 0.45 ~0.82 的铅锌矿与熔剂混合后在烧结机上进行烧结脱硫，热烧块（800℃）和经预热的焦炭（400℃）通过双料钟加料器加入到密闭鼓风炉的顶部。经预热的高温空气（800℃）从鼓风炉底部的风嘴鼓入鼓风炉并在炉内迅速燃烧产生大量的热量和 CO。锌则在鼓风炉内被还原挥发，然后从炉顶与烟气一起进入铅雨冷凝器冷凝获得锌，铅和铜等有色金属则还原后进入鼓风炉的炉底炉缸中。ISP 法的优点是能够同时炼锌和铅，且生产能力大，对原料适应性强，可以处理难选的铅锌矿、钢厂烟尘等各种杂料，这使该法在炼锌工业中仍具有相当的地位。目前，用该技术生产的锌占世界锌产量的 14% 左右。但密闭鼓风炉炼锌需消耗较多冶金焦炭，且操作的技术条件要求较高，劳动强度较大，烧结工序的烟气较难处理，从而对环保造成一定危害。

1.4.2 炼锌的技术展望

炼锌的技术，除了湿法炼锌技术和火法炼锌技术外，正在全世界全面兴起的生物冶金技术（也称为生物湿法冶金技术，或生物浸出技术和微波冶金技术，或微波还原冶金技术，或绿色冶金）正在用于炼锌的试验探索之中。除了湿法炼锌新技术在本书相关部分专门叙述外，这里着重对生物冶金技术、微波冶金技术以及火法炼锌新技术进行一些展望。

1.4.2.1 生物冶金技术的展望

A 基本概念

生物冶金技术，也称为生物湿法冶金技术，又称为生物浸出技术，通常指矿石的细菌氧化或生物氧化，由自然界存在的微生物进行。这些微生物被称为适温细菌，大约有 0.5 ~2.0μm 长、0.5μm 宽，只能在显微镜下看到，靠无机物生存，对生命无害。这些细菌靠黄铁矿、砷黄铁矿和其他金属硫化物如黄铜矿和铜铀云母为生。适温细菌和其他“靠吃矿石为生”的细菌如何氧化酸性金属的机理目前还不明确。化学和生物作用将酸性金属氧化变成可溶性的硫酸盐，不可溶解的贵金属留在残留物中，铁、砷和其他贱金属，如铜、镍和锌进入溶液。溶液可与残留物分离，在溶液中和之前，采取传统的加工方式，如溶剂萃取来回收贱金属，如铜。残留物中可能存在的金属经细菌氧化后，通过氰化物提取。

B 发展前景

21 世纪是生物技术的世纪，生物技术的发展与进步必将影响人类活动的各个领域，对冶金自然会有进一步的渗透和影响。虽然目前这种工艺技术仍处于发展之中，它还必须克服自身的一些局限性，如反应速度慢、细菌对环境的适应性差、超出了一定的温度范围细菌难以成活、经不起搅拌等，但它是一种很有前途的新工艺。它不产生二氧化硫，投资少，能耗低，试剂消耗少，能经济地处理低品位、难处理的矿石，将为人类解决当今世界所面临的矿产资源和环境保护等诸多重大问题提供有力手段，显示出难以估计的巨大潜力。

C 国外研究现状

在难浸金矿的细菌氧化实验研究方面，法国、前苏联、北美、加拿大、澳大利亚、南非等国都取得了重大进展。

细菌堆浸氧化预处理在铜、金等金属的提取上获得工业应用。自1980年以来，智利、美国、澳大利亚等国相继建成大规模铜矿物堆浸厂。

在细菌浸铀方面，加拿大、美国、法国、葡萄牙、智利等国都取得了重大突破。

不少国家对锌、镍、钴、铀等金属的生物提取技术也进行了很好的研究。

D 国内研究现状

国家科技攻关计划“生物冶金技术及工程化研究”课题——由福建紫金矿业股份有限公司、北京有色金属研究总院等单位联合承担的“十五”国家科技攻关计划“生物冶金技术及工程化研究”课题进行了评审验收。课题完成后，将在我国首次实现硫化铜矿石生物提铜工艺工业化，形成的生物堆浸提铜工程技术、高效浸矿菌株选育及活性控制技术，可推广应用于低品位难处理硫化铜矿及表外矿，将显著提升我国矿冶技术水平和国际竞争力。紫金山铜矿将成为国内第一个具有工业规模的生物提铜基地。此外，紫金山铜矿还将利用这一新工艺着手进行生产有色金属纳米材料和其他新型粉体材料及复合粉体材料的研究。

国家重点基础研究（“973”计划）项目“微生物冶金的基础研究”——由中南大学邱冠周教授为首席科学家的“微生物冶金的基础研究”项目，针对我国有色金属矿产资源品位低、复杂、难处理的特点，围绕硫化矿浸矿微生物生态规律、遗传及代谢调控机制；微生物—矿物—溶液复杂界面作用与电子传递规律；微生物冶金过程多因素关联3个关键科学问题开展研究。“微生物冶金的基础研究”分别获得2002年度“中国高等学校十大科技进展”和2002年度湖南省科技进步一等奖；2005年10月下旬，科技部正式行文，“微生物冶金的基础研究”被正式列入国家重点基础研究（“973”计划）项目。该项目的正式启动，标志着我国微生物冶金技术进入突破性研究阶段。随着项目研究的深入，不仅将在冶金基础理论上取得突破，建立21世纪有色冶金的新学科——微生物冶金学；而且对解决我国特有的低品位、复杂矿产资源加工难题，扩大我国可开发利用的矿产资源量，提高现代化建设矿产资源保障程度，促进走可持续发展新型工业之路，实施西部大开发战略等都具有重要的作用。

E 生物冶金技术的应用

目前，生物冶金的研究对象主要是利用铁、硫氧化细菌进行铜、铀、金、锰、铅、镍、铬、钴、铋、钒、镉、镓、铁、砷、锌、铝、银、锗、钼、钪等几乎所有硫化矿的浸出。

通过对金属硫化物矿和精矿的生物浸取，不但可提取金，还可提取贱金属，如铜、镍、锌、钴、钼。在生物提取过程中，贱金属溶入酸性溶液中，可通过湿法冶金技术获取。

生物提取技术对用常规方法难以分离的多金属矿、精矿和含多种金属的尾矿也有效。

澳大利亚一家矿业公司正在对一含有铅、铜、钴、锌、镍和银的多金属精矿进行实验。

运用生物冶金技术从锌金属矿和锌精矿中提取锌正在深入研究和应用之中。这项技术曾在滇西兰坪铅锌矿的锌冶炼中探索试用过，但因各种原因中断而未得到最终研究结果。

1.4.2.2 微波冶金技术的展望

A 基本概念

微波冶金技术，又称为微波还原冶金技术，也称为绿色冶金，是一项运用微波加热技术从金属矿中提炼金属、提纯与合成金属，以及用金属制造有用物质过程的技术。利用微波这种与常规加热不同的通过物料内部介电损耗直接将冶金反应所需能量选择性地传递给反应的分子或原子的加热方式，可以开发出在常规加热条件下无法实现的绿色冶金新技术和新工艺，改造某些传统的冶金工艺和技术，取代部分高能耗、高污染冶金工艺，提升冶金产品深加工水平，促进冶金工艺节能减排降耗，完善冶金产品结构，实现冶金过程的高效、节能、环境友好。微波冶金已经发展成为一门引人注目的前沿交叉学科。

B 重要特点

微波加热与常规加热不同，它不需由表及里的热传导，而是利用微波在物料内部的介电损耗直接将冶金反应所需能量选择性地传递给反应的分子或原子，在足够强度的微波能量密度下，其原位能量转换方式使物料微区得到快速的能量累积，这种原位能量转换方式使得微波加热具有一些用常规加热方式无法比拟的优点：

（1）对物料进行选择性加热，被加热物料具有极快的升温速率并且加热效率很高。

（2）微波对化学反应也具有催化作用，它能降低反应温度，缩短反应时间，促进节能降耗。

（3）微波易于自动控制，物料能在瞬间得到或失去热量来源。

（4）微波本身不产生任何气体，是实现冶金工业清洁生产的有效途径之一。

C 发展前景

昆明理工大学自主研制出了系列新型微波冶金反应器，并在国内外首次建立了微波冶金大型化、连续化、自动化的微波高温生产线。由于微波反应机理研究严重滞后，微波在冶金中的应用领域难以拓展，产业化进程缓慢。为破解这个难题，昆明理工大学彭金辉教授带领的团队，围绕微波在冶金中的新应用，系统深入开展了干燥、煅烧、浸出、还原和冶金用材料制备等技术的原理研究，历经22年，终于自主研制成功了上述设备。

昆明理工大学自主研发的微波冶金技术现已形成了一个全球领先的学术体系。该体系围绕微波加热在冶金中的应用，整合冶金物理化学、化学、微波等多学科资源，定量描述了冶金物料在微波场中的升温特性，创建了微波高效干燥冶金物料的全过程模型，建立了微波煅烧强吸波与弱吸波物料的三维模型，推导出微波浸入冶金物料的非等温动力学方程，为拓展微波加热在冶金中的应有领域，开展节能降耗提供必要的理论支撑。

昆明理工大学的微波冶金研究获得重奖：“新型微波冶金反应器及其应用的关键技术”荣获2010年国家技术发明二等奖，“微波在冶金中应用的基础理论研究”获得2010年云南省科技进步自然科学奖一等奖。

昆明理工大学微波冶金技术产业化获得重大突破。该研究项目已成功推广到冶金、能源、化工、烟草等行业，先后向西班牙国家碳材料研究所、昆明钢铁集团等单位转让高水平的反应器、生产线及相关技术。共新增产值近10亿元人民币，向国外转让相关技术25项，新增利润2.42亿元。

国内外的不少学者还先后在微波场中物料的升温特性、微波预处理矿物、微波干燥、煅烧材料等领域开展了一系列研究，有望很快实现历史性突破。

D　湿法炼锌中应用微波冶金技术除氯具有良好发展前景

锌精矿和锌烟尘中存在大量氯化物，如果氯的含量升高，则会使阴、阳极板的消耗加快，造成电耗上升，同时还严重腐蚀系统设备。这样一来，不仅增加了生产成本，还降低了电锌质量。因此，在电解之前，通常需进行除氯净化处理，使之达到电解要求。常用的除氯方法有两类：一类是将原料进行选择性焙烧；另一类则是利用银盐除氯法、离子交换法和铜渣除氯法在硫酸锌溶液中将氯除去。微波冶金技术将通过对锌原料除氯进行选择性微波加温焙烧实现重大突破。现在昆明理工大学利用微波冶金技术已承担了云南某企业“锌冶炼含氯废渣中氯的脱除新技术及产业化示范”重点产业化项目。

1.4.2.3　火法炼锌新技术的展望

火法炼锌新技术有：

（1）等离子炼锌技术。等离子发生器热量从风口输送到装满焦炭的炉子的反应带，在焦炭柱的内部形成一个高温空间，粉状ZnO焙烧矿与粉煤和造渣成分一起被等离子喷枪喷到高温带，反应带的温度为1973～2773K，ZnO瞬时被还原，生成的锌蒸气随炉气进入冷凝器被冷凝为液体锌。由于炉气中不存在CO_2和水蒸气，所以没有锌的二次氧化问题。

（2）锌焙烧矿闪速还原技术。该方法包括硫化锌精矿在沸腾炉内死焙烧、在闪速炉内用炭对ZnO焙砂进行还原熔炼和锌蒸气在冷凝器内冷凝为液体锌3个基本工艺过程。

（3）喷吹炼锌技术。喷吹炼锌是在熔炼炉内装入底渣，用石墨电极加热到1473～1573K使底渣熔化，用N_2、0.074mm左右的焦粉与氧气通过喷枪喷入熔渣中，与通过螺旋给料机送入的锌焙砂进行还原反应，产出的锌蒸气进入铅雨冷凝器被冷凝为液体锌。

（4）固硫还原技术。日本研究人员提出了固硫还原方法，其原理是：

$$ZnS+CaO+CO = Zn\uparrow +CaS+CO_2(s)\uparrow$$

挥发锌蒸气采用类似于火法炼锌的冷凝方法回收。该技术还在进一步研究中。

2 湿法炼锌的工艺技术

2.1 湿法炼锌的实践概况

2.1.1 湿法炼锌的基本过程

湿法炼锌就是将各种炼锌原料，如硫化锌精矿、硫化锌矿的焙烧产物、氧化锌矿、氧化锌烟尘等用稀硫酸浸出，原料中的锌成为硫酸锌进入溶液。

在酸浸出时，原料中其他组分有的不溶，有的组分则随锌全部或部分溶解进入溶液。浸出矿浆经过液固分离除去不溶残渣后，含有多种杂质的硫酸锌溶液再经过净化、电积，使锌从溶液中沉积出来。

锌电积是以铝板为阴极，铅银合金板（有的还在铅银合金中再添加钙、锶等金属成为三元合金或四元合金板）为阳极，电积过程中在阴极析出金属锌，在阳极放出氧气。

锌自阴极剥离后熔铸成锭，废电积液再返回用于锌原料的溶出，废电积液在锌生产过程中闭路循环使用。

整个湿法炼锌生产中最关键的过程就是浸出过程。生产实践表明，湿法炼锌的各项技术经济指标在很大程度上取决于浸出所选择的技术条件，因此，浸出工艺的选择就是湿法炼锌工艺的选择。

2.1.2 湿法炼锌的主要原理

稀硫酸浸出原料时的化学反应方程式为：

$$ZnO+H_2SO_4 = ZnSO_4+H_2O$$

$$ZnS+H_2SO_4+\frac{1}{2}O_2 = ZnSO_4+S+H_2O$$

净化过的硫酸锌溶液电积析出锌时的化学反应式为：

$$ZnSO_4+H_2O = Zn+H_2SO_4+\frac{1}{2}O_2\uparrow$$

2.1.3 湿法炼锌的重要特点

湿法炼锌的重要特点就是无需精炼过程，就可直接得到很纯的锌，锌直收率高，能综合利用有价金属，金属回收率高，易于实现大规模、连续化、自动化生产，劳动条件好。缺点是电能消耗大，流程复杂，基建投资高。

2.1.4 湿法炼锌的主要环节

在湿法炼锌中，焙烧、浸出、净化、电解和熔铸是生产的工艺过程，其中，浸出过程又是整个湿法炼锌工艺中的主要环节。

2.1.5 湿法炼锌的主要方法

根据浸出作业所控制的最终溶液酸度和原料的特性不同，湿法炼锌方法又分为：常规浸出法；热酸浸出—黄钾铁矾法；热酸浸出—针铁矿法；热酸浸出—喷淋除铁法；高压浸出—赤铁矿法；硫化锌精矿直接浸出法；氧化锌矿/氧化锌烟尘—直接酸浸出法等。

2.2 湿法炼锌的常用工艺

工业上湿法炼锌根据不同的原料，大多数冶炼厂都采用连续多段的浸出流程。在参照常规湿法炼锌工艺的基础上，通常主要采用以下3类冶炼工艺：

（1）“硫化锌精矿—焙烧—常压酸浸—电积”湿法炼锌工艺。

（2）“硫化锌精矿—直接加压酸浸—电积”湿法炼锌工艺。

（3）“氧化锌矿/氧化锌烟尘—直接常压酸浸—电积”湿法炼锌工艺。

2.2.1 常规湿法炼锌工艺

常规湿法浸出炼锌工艺为：硫化锌精矿经焙烧使硫化物转变为易溶于稀硫酸的ZnO，然后经中性和酸性两段浸出，由于浸出条件不足以使焙砂中的呈铁酸锌形态的锌溶解，常规浸出产出的浸出渣含锌20%左右，一般采用回转窑烟化法回收其中的锌。这种方法处理锌浸出渣所产生的窑渣，在自然环境中处于较稳定状态，可溶性的盐类和其他化合物少，便于堆存，从环保的角度来看有其优点，且In和Ge等稀散金属富集在烟尘中，有利于综合回收。但由于是高温处理，存在燃料、还原剂和耐火材料消耗大的缺点。

其工艺原则流程如图2-1所示。

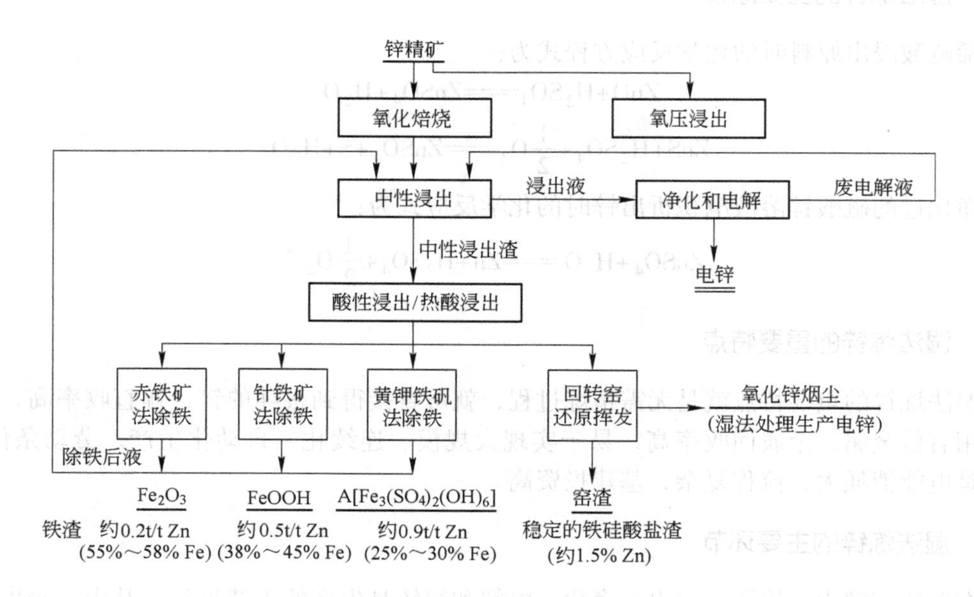

图2-1 常规湿法炼锌工艺的原则流程

2.2.2 “硫化锌精矿—焙烧—常压酸浸—电积”湿法炼锌工艺

硫化锌精矿经过备料、干燥后，通过沸腾炉部分硫酸化焙烧使其中硫化锌转化为氧化锌和少量硫酸锌进入焙砂：

$$ZnS+\frac{3}{2}O_2 \xlongequal{} ZnO+SO_2$$

$$ZnS+2O_2 \xlongequal{} ZnSO_4$$

焙砂用稀硫酸浸出，原料中的氧化锌成为硫酸锌进入溶液，其反应式为：

$$ZnO+H_2SO_4 \xlongequal{} ZnSO_4+H_2O$$

浸出液经净化后，送电积生产金属锌，阴极锌剥离后熔铸成锭。

其工艺流程如图 2-2 所示。

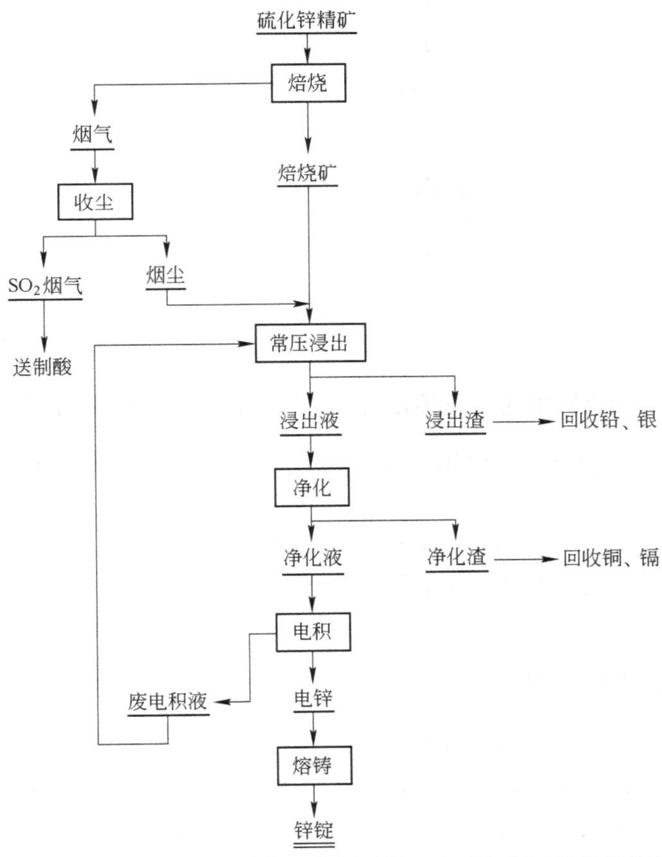

图 2-2 “硫化锌精矿—焙烧—常压酸浸—电积”湿法炼锌工艺流程

2.2.3 “硫化锌精矿—直接加压酸浸—电积”湿法炼锌工艺

将硫化锌精矿在加压条件下，在氧化剂作用下，用稀硫酸浸出，原料中的锌成为硫酸锌进入溶液，其反应式为：

$$ZnS+H_2SO_4+\frac{1}{2}O_2 \xlongequal{} ZnSO_4+S+H_2O$$

浸出液经净化后，送电积生产金属锌，阴极锌剥离后熔铸成锭。

其工艺流程如图2-3所示。

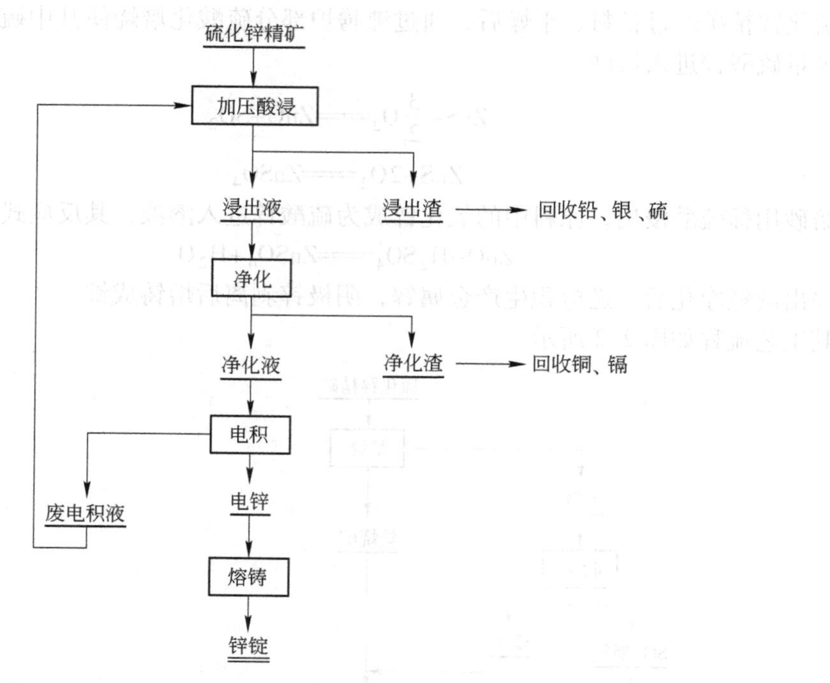

图2-3 “硫化锌精矿—直接加压酸浸—电积”湿法炼锌工艺流程

2.2.4 “氧化锌矿/氧化锌烟尘—直接常压酸浸—电积”湿法炼锌工艺

将氧化锌矿和氧化锌烟尘直接用稀硫酸浸出，原料中的锌成为硫酸锌进入溶液，其反应式为：

$$ZnO+H_2SO_4 = ZnSO_4+H_2O$$

浸出液经净化后，送电积生产金属锌，阴极锌剥离后熔铸成锭。其工艺流程如图2-4所示。

2.3 湿法炼锌的其他工艺

湿法炼锌自20世纪初开始在工业上投入生产以来不断发展进步，到60年代末由于浸出渣处理技术的发展，黄钾铁矾法、针铁矿法、赤铁矿法等除铁技术的成功应用，使湿法炼锌得到高速发展。湿法炼锌与火法炼锌相比，具有产品质量好（含锌99.99%）、锌冶炼回收率高（97%～98%）、伴生金属回收效果好，以及易于实现机械化、自动化和易于控制环境影响等优点。其产量所占的比例迅速提高，1968年占总产量的56%，1976年达到71%，进入80年代后迅速升高到80%以上，到90年代世界上新建的炼锌厂几乎都是采用湿法炼锌工艺，在炼锌工艺中大有一枝独秀之势。

目前在工业上湿法炼锌工艺种类繁多，主要有：硫化锌精矿焙烧—常压酸浸工艺；硫化锌精矿加压直接酸浸工艺及氧化锌精矿直接酸浸工艺等。在20世纪60年代以前中性酸浸渣通常采用火法熔炼处理，一般根据渣中铅、锌及其他有价金属含量和各自的条件采用

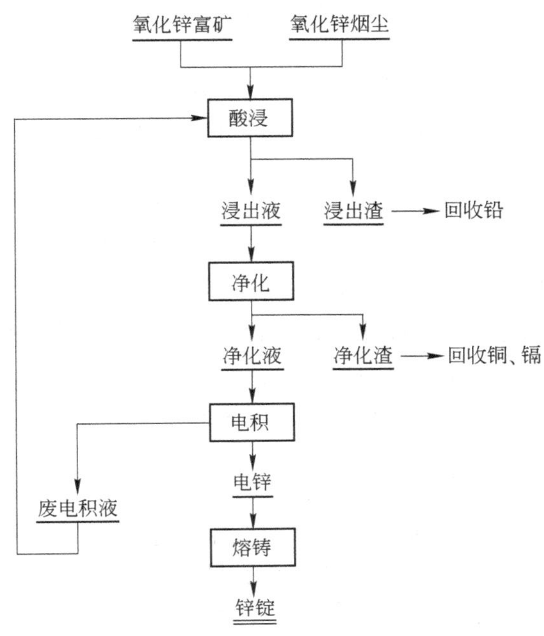

图 2-4 “氧化锌矿/氧化锌烟尘—直接常压酸浸—电积”湿法炼锌工艺流程

不同的方式处理。其中主要有：回转窑还原挥发，用做密闭鼓风炉炼锌及炼铅的烧结配料；也有的将其烧结脱硫后用电炉蒸锌或浸出渣硫酸化焙烧等。60 年代以后，由于湿法炼锌渣处理技术的进步，克服了火法处理浸出渣工艺能耗高、流程长、贵金属回收率低等缺点，浸出渣处理技术进而转向湿法工艺。目前世界上广泛采用的湿法渣处理技术主要有：黄钾铁矾法、针铁矿法、赤铁矿法等。这些方法共同的特点是，对浸出渣进行高温高酸浸出，使渣中铁酸锌溶解，并使铁进入溶液。这些方法的区别是从溶液中除铁时采取了不同的工艺和技术条件，使铁分别以易于沉降、过滤的黄钾铁矾、针铁矿及赤铁矿等形态分离。结果产生了大量的含有铅、银、金、铜铁渣，这些渣目前堆弃在渣库中。如何处置这些数量很大的铁渣问题，至今还没有一个经济有效的办法，可以努力使之成为足够纯的铁的氧化物，以便在钢铁工业中被大量消耗掉；或使之成为某种工业原料，作为商品销售出去；或使之对环境无害，成为自然界可容纳的垃圾。同时，还能将其中的有价金属铅、银、金、铜进行回收。铁渣对环境影响问题是这种工艺的美中不足之处。

过去人们在减少铁渣有毒金属含量方面虽然取得了一些进展，如：无污染的黄钾铁矾法，它产出的铁渣虽然有进步，但仍然不能安全堆放；以赤铁矿形成沉淀的铁渣，虽然可以避免这些金属进入铁渣而损失，但由于投资和经营费用较高以及得到的赤铁矿渣纯度不够，尚不能用做炼铁原料，目前也仅能用做水泥配料部分消耗掉；回收的金属价值尚不足以补偿生产消耗的费用，由于在 21 世纪环保要求日益增高的情况下，如果湿法炼锌渣不能得到有效治理，则湿法炼锌的浸出渣可重新退回到火法处理。

另外，湿法炼锌的能耗虽然略低于火法炼锌，但仍然是电能耗高的产业，电费在成本中所占比例很高，在当今电能费用不断上升的情况下，电锌工业花大力气改善电能使用状况，降低电能消耗，无疑也是今后的一项重要任务。在过去一段时间里，电积的发展主要是不断加大电极面积和电积槽，以及降低电流密度，其结果使电积过程在降低成本方面取得了很大效果。

提高金属回收率和原料综合利用率以及节约能源，不仅能增加企业的经济效益，还能间接地使环保事业受益。任何形式的能源和原材料节约都会减少污染，这必将是工业发展追求的目标之一。

当今湿法炼锌工艺的自动化程度是很高的，年产 10^5t 锌的现代化湿法炼锌厂操作工人约为 250 人左右，提高劳动生产率是企业永恒的目标。21 世纪，预计湿法炼锌将围绕以下几个目标向新工艺、新技术发展：一是创造无害工厂，使工厂的“三废”（废水、废气、废渣）得到有效治理；二是进一步简化工艺流程，并使之高度自动化；三是金属回收率提高，综合利用率增大，能源和原材料消耗大幅度减少。

目前，正在推进的湿法炼锌新技术、新工艺如下。

2.3.1 热酸浸出—黄钾铁矾法工艺

该法自 1968 年开始应用于工业生产，目前世界上有 20 多家冶炼厂采用此法炼锌。我国 1985 年首先在广西柳州市有色金属冶炼厂将此法应用于工业生产，获得了较好的生产技术指标。该法的主要优点为：流程简单，投资少，见效快，锌浸出率较常规法有明显提高，可达 95% ~97%，但 Pb、Ag 及稀散金属进入矾渣中，不利于综合回收，矾渣中含有少量 Cd、As、Cu 等，易造成环境污染。为了改进常规黄钾铁矾法工艺，降低铁矾渣中的 Zn、Pb、Ag、Au、Cd 和 Cu 的损失，20 世纪 90 年代澳大利亚电锌有限公司首先研究成功了低污染黄钾铁矾法，该法基本原理是在铁矾沉淀前调整溶液的成分，使沉矾过程中不需加中和剂就能达到满意的除铁效果，以减少有价金属在矾渣中的损失并改善矾渣对环境的污染，所以称为低污染黄钾铁矾。我国长沙矿冶研究院马荣骏等在 20 世纪 80 年代开展了低污染铁矾法炼锌工艺的研究，取得了良好的结果，可使高酸浸液的铁含量由 27g/L 左右降到 1g/L 以下，并得到了几乎不被浸出残渣污染的纯铁矾渣，实现了无中和剂沉矾过程。此法已在赤峰冶炼厂成功地用于工业生产。

我国西北冶炼厂 1996 ~1998 年通过技术改造和生产实践，基本上形成了一套适合系统操作的“低污染”或“半污染”的铁矾工艺，主要是减少沉矾焙砂的加入量，并用碱式硫酸锌、尾矿氧化锌替代部分焙砂，降低了矾渣中不溶锌的含量，并使渣率下降约 2%，既改善了环境状况，又增加了经济效益。

2.3.2 热酸浸出—针铁矿法工艺

1965 ~1969 年比利时老山公司（Vieille Montange）研究成功针铁矿法，简称 V. M. 法。1971 年率先在比利时老山公司巴伦（Balen）厂投产，我国温州冶炼厂 1985 年开始采用此法生产锌。该法先将硫酸锌溶液中的 Fe^{3+} 采用 ZnS 精矿还原为 Fe^{2+}，再用空气缓慢氧化为 Fe^{3+}，以针铁矿形式沉淀。其浸出过程包括中性浸出、热酸浸出、超热酸浸出、Fe^{3+} 还原、预中和、针铁矿沉淀铁等 6 个过程。溶液中的砷、锑、氟大部分可随铁渣沉淀而除去。

该法的优点是：渣量较少，约为铁矾渣量的 60%，不需要消耗碱试剂，尤其对回收稀散金属有利，如铟回收率可达 90% 以上。缺点是：需增加一道还原工序，工艺流程较复杂，并需用还原剂，蒸汽消耗量较黄钾铁矾法约高40%。因此，该法的基建投资和经营费用较黄钾铁矾法要高，这阻碍了该法的使用，目前世界上只有4家工厂采用该法。

2.3.3 热酸浸出—喷淋除铁法工艺

该法是我国江苏研究所与温州冶炼厂共同开发的新工艺，已于1984年在温州冶炼厂投入工业生产。生产实践表明：该工艺具有流程简单，操作方便，经营费用低，投资省，对原料适应性强，不需要碱试剂，不需要还原、高温、高压过程等优点，适用于精矿来源复杂的中小型冶炼厂。锌回收稍低、渣含锌较高是此法的缺点。

1992年温州冶炼厂扩建时，对原有的热酸浸出—喷淋除铁法工艺进行了完善，增加了一道中性浸出工序，由于所得铁渣与针铁矿法有许多相似之处，因此可称为仲—针铁矿法。

2.3.4 高压浸出—赤铁矿法工艺

1968~1970年赤铁矿法由日本同和矿业公司发明，1972年在日赤饭岛冶炼厂投入生产。

20世纪80年代，日本帮助联邦德国建成了Dalten（达梯尔）世界上第二个赤铁矿法炼锌厂（后已改为氧压浸出法）。该法基于在高温（200℃）、高压（18~20kg/cm^2）条件下将浸出渣进行还原浸出，使Fe^{3+}还原成Fe^{2+}，然后将这种含Fe^{2+}的热酸浸出溶液送往沉铁的高压釜中通入氧气，将铁离子氧化成赤铁矿（Fe_2O_3）形态沉淀除去。

该法优点是金属回收率高，原料的综合利用率高，适用于处理含Au、Ag、Cu、In、Ge、Ga高的原料，产出的石膏可作为商品出售，赤铁矿渣含铁高，经焙烧脱硫后可作为炼铁原料，实现“无废渣”冶炼，但因需要昂贵的钛材制造耐高温、高压设备，投资费用高，蒸汽消耗大，工艺也较复杂，因此尚未得到广泛采用。但随着环保要求的日益严格，材料设备的不断改进，该法今后必将获得很好的发展。

2.3.5 硫化锌精矿氧压直接浸出法Sherritt工艺

Sherritt法是加拿大Sherritt Inc开发出来的一种锌冶金技术，我国采用该工艺进行锌的试生产并已取得了成功。该技术是用硫化锌精矿直接加压氧化浸出来取代传统的火法焙烧和浸出工序，减少了二氧化硫制酸和环境污染的问题，真正实现了全湿法炼锌流程。硫化锌精矿氧压直接浸出的特点是锌精矿不用焙烧，在一定的温度和压力（氧压）条件下，使锌溶解，而硫以元素硫的形式被回收。

Sherritt工艺对原料适应性强，能很好地处理通常对锌冶炼极为不利的含铁、铅、硅高的锌精矿；锌回收率高，可达97%以上，可取代传统的焙烧、制酸系统及渣处理工序，因而基建费用大幅度降低；不产生二氧化硫废气及湿法废渣，可减少硫及湿法废渣对环境的污染，产出的元素硫便于运输和储存；对Pb、Cd及贵金属的综合利用也比常规方法有利。但因其对浸出设备的要求较高，引进技术的费用较大，所以目前没有被广泛采用。随着国内外环保要求的日益严格，设备制造水平的不断提高，新材料研制的不断创新以及仪表、元件及自动化程度的日益改进，相信这个先进工艺将在今后锌的生产上越来越多地被采用。

2.3.6　奥托昆普湿法炼锌新工艺

1998年，奥托昆普公司所扩建的芬兰科拉锌厂采用了该公司自行开发的锌精矿直接浸出工艺，此法是利用工厂现有常规湿法工艺生产的副产品——酸性铁矾渣做浸出剂，在常压直接浸出精矿，产出的浸出渣再用硫酸处理，浸出反应在立式反应塔中进行，铁最终形成铁矾沉淀，锌精矿中的硫被氧化成元素硫，然后从铁矾渣中分离，溶液返回中性浸出工序。该工艺适合处理不宜焙烧的细粒精矿。

2.3.7　硫化锌精矿催化氧化酸浸工艺

考虑到硫化锌精矿氧压浸出需要在高温高压下进行，设备材质要求钛材等实际困难，国内外对催化氧化酸进行了试验研究。澳大利亚大洋州电锌公司用氧化氮-氧的混合物做了常压直接酸浸出试验，我国也进行了探索性试验。试验在100℃及400kPa（总压）下进行，溶液含$H_2SO_4$49g/L，用HNO_3做催化剂。试验结果表明，锌浸出率可达97%，元素硫产率达84.3%。在上述试验条件下，国产1Cr18Ni9Ti、00Cr18NiMo2Ti两种不锈钢都属于腐蚀材料，系均匀腐蚀，年腐蚀率小于0.1mm，气相、界面及液相腐蚀速率相近，因此，本工艺的设备易于解决。2002年云南冶金集团等三单位协同进行了工业化试验，只需90min即能达到浸出预期效果，锌浸出率大于97%，渣含锌小于3%，使硫化锌精矿的氧压浸出取得了突破性的进展。

2.3.8　氧化锌矿采用改进的ZINCEX工艺

Tecnicas Reunidas公司在1997～1998年提出利用MZP技术处理氧化锌精矿。该技术分3个步骤：浸出、溶剂萃取和电积。浸出在常压、温度50℃条件下进行，加入稀硫酸并控制pH值，经过一定时间就会进行较好的浸出反应。利用溶于煤油的有机磷酸溶液（特别推荐双-2-乙基己基磷酸和D2EHPA）作为有机萃取剂，将锌负载电解液送至电积回路中，锌电积在铝阴极板上，采用传统技术可产出超高纯商品锌锭（99.995%）。

MZP技术有以下主要特点：（1）不需要将矿石磨得很细，当矿石的粒度为200～500μm时就能获得较好的回收率；（2）矿石可以直接处理，不需要进行焙烧；（3）能处理品位很低的锌矿石（Zn的质量分数为5%）；（4）工艺流灵活，可以处理不同类型的矿物；（5）浸出母液含Co、Cu、Ni为1～2g/L，不会给电解带来危害。

2.3.9　热酸浸出—萃取法除铁工艺

现代的湿法炼锌，技术上是成功的，并得到广泛应用。但因各种铁渣含有杂质，不适用于炼铁，又污染环境。有人研究发展的除铁方法，在热酸浸出基础上，采用氧化锌有机浸出与溶剂萃取铁结合的技术，使电解锌工艺获得明显的综合经济性。

热酸浸出液含锌80～100g/L，硫酸40～60g/L，先中和游离酸后送萃取除铁。

2.3.10　盐酸氧化酸浸—亚硫酸钠浸出法处理银精矿氧化焙砂工艺

四川省会东铅锌矿湿法炼锌过程中产出的铅银渣，采用硫化浮选后的硫化银精矿，在860～890℃条件下氧化焙烧，得到含锌、铁、铅、银等的富银氧化锌焙砂（银含量达

±1.0%)，选取了盐酸氧化酸浸—亚硫酸钠碱性络合浸出的工艺，通过条件实验，确定最佳工艺条件。该研究采用盐酸氧化酸浸预处理该富银焙砂以分离锌、铜等，同时使银转化为氯化银，再用亚硫酸钠碱性络合浸出转化渣回收银的工艺。考查了盐酸氧化酸浸过程中银的分散情况，结果表明，该过程中银的浸出率平均为2.7%；采用了单因素条件试验研究方法，在试验的最佳条件下，富银焙砂经盐酸氧化酸浸后亚硫酸钠络合浸银，银的浸出率达90%以上，浸银液未经净化，直接用水合肼还原可得含量为96%以上的银粉。

2.3.11 硫化锌精矿的直接电解工艺

用硫化锌精矿在酸性溶液中直接电解法生产锌。其条件为：阳极是用70%锌精矿与30%石墨粉制成，放入树脂滤布阳极袋；阴极为铝板；电解槽用阳离子交换树脂膜，将阴、阳极隔开，分成阴极室与阳极室。阳极液含锌55g/L，pH值为4~4.5；阴极液含锌55g/L，含硫酸130g/L；阳极电流密度约为100A/m^2，阴极电流密度为540A/m^2；电解液温度为45℃。

阳极和阴极发生反应为：

阳极 $$ZnS = Zn^{2+} + S + 2e$$

阴极 $$Zn^{2+} + 2e = Zn$$

阳极电流效率为96.8%~120%，阴极电流效率为91.4%~94.8%，阴极锌纯度可达99.99%以上。

2.3.12 悬浮电解工艺（矿浆电解新工艺）

澳大利亚的Dextec在用悬浮电解处理闪锌矿时采用的氯化物体系，就是由于氯化物对阴极过程有许多不利的影响而导致该工艺无法正常应用。云南冶金研究院将悬浮电解的电解液从氯化物体系扩展到硫酸盐体系，消除了氯化物体系对锌电解过程的不利影响，使悬浮电解工艺能够应用于闪锌矿等矿物的悬浮电解中。悬浮电解是将矿石浸出、浸出液净化和电积等过程结合在一个装置中进行，在电解槽的阳极区，金属矿物被浸出，而同时在电解槽的阴极上析出金属，因此称之为金属的一步提取工艺。

此工艺的特点为锌的溶解与回收都在一个Nafion型的装有选择性离子膜的电解槽中进行。将传统的湿法冶金中的几个工序合而为一，使流程大大缩减，金属回收率提高，可使用价格较低的石墨电极，降低了槽电压，从而降低了电耗，节省了电费。另一个优点是浸出过程中生成的铁都被氧化成三价铁，然后水解生成针铁矿，避免了铁对电解液的污染，提高了锌的电解电流效率，使锌的生产成本明显降低。此外，充分利用了电解过程中阳极氧化反应来浸出矿石中的有价元素。硫则以元素硫的形态回收，从根本上消除了二氧化硫对环境的污染，因此，矿浆电解又是一种无污染或轻污染的新工艺。与一般湿法冶金相比，悬浮电解具有流程短、能耗低、金属分离效率高、生态环境好的优点。某试验是在50L电解槽中进行的，原料为闪锌矿精矿，额定电流60A，电解液NaCl含量50g/L、Zn含量60g/L，密度1.21g/mL，电耗2.5kW·h/kg，Zn回收率97%。

2.3.13 Zn-MnO_2同时电解工艺

为了简化湿法炼锌流程、降低电解能耗及雾酸，国内外研究了锌精矿、软锰矿常压同时浸出及 Zn- MnO_2同时电解工艺。

具体处理过程如下：

（1）浸出，锌精矿磨至 0.074mm（200 目），ZnS 与 MnO_2按化学式计量配入，始酸 100～130g/L进行浸出。

（2）净化，浸出液除铁、砷、锑及深度进化除铜、镉、钴、镍等，得新液；

（3）电解，用铅银（1% Ag）合金作为阳极（或石墨阳极或钛锰合金作为阳极），铝板作为阴极，阴极产出电锌含 Zn 不低于 99.99%，阳极产出 γ- MnO_2，品位大于91%。双电解废液再进行锌的电解，进一步回收锌、锰。

2.3.14 溶剂萃取—电解法提锌工艺

西班牙的毕尔鄂锌厂和葡萄牙的里斯本锌厂，采用溶剂萃取—电解法提锌新工艺，从黄铁矿烧渣中回收锌。

原料成分（质量分数）为：Cu 0.6%，Zn 2.0%，Pb 0.8%。

处理过程为：多膛炉内进行氯化焙烧—渗滤浸出得含锌溶液—加铁屑置换除铜—两段萃取—电解沉积。此工艺产出电解液成分为：Zn 80～90g/L，Cl 0.0015%～0.0020%，其他杂质 Cu、Cd、As、Co 均低于 0.0001%。电解产出品位 99.99% 的电锌。

2.3.15 氢扩散阳极的锌电积工艺

该技术由鲁尔锌公司、鲁奇公司、波士顿的普罗托技术公司等一起进行研究，使传统的电解总反应：

$$Zn^{2+}+SO_4^{2-}+H_2O = Zn+SO_4^{2-}+2H^++\frac{1}{2}O_2$$

改变成：

$$Zn^{2+}+SO_4^{2-}+H_2 = Zn+SO_4^{2-}+2H^+$$

使阳极电位几乎减少到零。因此，在电流密度不变的条件下，槽电压可从 3.2～3.5V 降至 1.3～1.5V，可节能 50%。该技术除节约电能外，还可免去冷却电解液和清理电解槽操作，酸雾量显著减少，电锌质量进一步提高。该项技术如能实现工业化，将给锌电积带来根本性的变革。

2.3.16 生物湿法炼锌工艺

随着生物冶金技术的深入研究，细菌生物冶金工艺也就是生物湿法炼锌工艺开始兴起。对于硫化锌矿，特别是低品位硫化锌矿，采用细菌冶金的方法进行氧化浸出，同样取代现有湿法炼锌的焙烧和浸出工序。细菌氧化浸出起源于 19 世纪 60 年代中叶巴黎的 Pasteur 研究院对细菌的研究。20 世纪 50 年代，南非 Genmin 工艺研究所从 West Rand Consolidated 地下矿洞泵出的废液中分离得到氧化铁硫杆菌后，开始了细菌氧化浸出的研究，该技术通过澳大利亚 CRCBIOX 公司卖与 HarbourLights 矿，从而该法也称 BIOX 法。BIOX 或 Genmin 工艺中使用的细菌菌种为中温氧化硫铁杆菌。后来，英国皇家学院在西澳大利亚分离出中温嗜热细菌作为菌种，并于 1988 年在西澳大利亚成立 BacTech 公司，将该菌种应用在 Youanmi 矿氧化处理上。细菌氧化法现仅被用于硫化铜矿和含金硫化物矿石处理。采用细菌氧化法工艺建成的生产厂有巴西的 SaoBento 和加纳的 Ashnti 等。细菌氧化应用于低品位硫化锌矿是近年来的事，该技术还停留在实验室和扩大试验的研究中。细菌氧化法的优点是直接处理难选的低品位矿石，可使资源得到充分利用。

中国云南兰坪锌精矿生物浸出试验比利顿工艺研究所生物技术开发部，2000 年对兰坪锌精矿进行了小型中低温和高温生物浸出试验，锌精矿主要成分（质量分数）为：Zn 53.9%，S 28.6%，Pb 1.6%。试验结果表明：采用高温生物浸出对兰坪锌精矿非常有效。在试验条件下，10%的矿浆浓度和 20d 浸出时间内，采用高温生物浸出获得了 93%的硫化物转化率和 98%的锌浸出率，浸出速率为 153 mg/(L·h)；采用中低温生物浸出时，锌浸出率为 81%，浸出速率也较快，为 94 mg/(L·h)，如浸出时间延长至 30d，则浸出率还有可能提高。此试验为锌精矿的生物浸出迈出了第一步，也是湿法炼锌的最新进展，为今后的可行性研究提供了必要的数据。

3 湿法炼锌的规范生产

通过考察分析和学习借鉴了国内外若干湿法炼锌企业的经验教训，按照现代化管理的发展方向，建议按照工序的主要目的、工序的工艺流程、工序的生产原理、工序的操作规范和工序的安全文化等5个部分去不断规范湿法炼锌的生产，以便简明易记，准确操作，更加安全，确保质量，提高效率，增加效益。因此，本部分内容仅供教学、培训和学习参考，在实际生产中切不可照搬照套。

3.1 备料工序

3.1.1 备料工序的主要目的

3.1.1.1 备料工序的生产过程

备料即原料制备，简单地讲，就是对冶炼过程所需原料进行一定的预处理，使之符合冶炼过程的要求。

广义备料——冶炼生产是连续生产过程，上一生产工序的产品进入下一工序即成为原料，为达到下一工序的要求往往需要进行处理之后，才能满足下一工序的要求（成分、数量、形态），所以从广义上讲，物料准备贯穿整个冶金生产的全过程。

狭义备料——传统意义上的备料是冶金过程的第一道工序，是指将矿石（或精矿或冶炼过程的伴生物）进行一定处理，如原料破碎、细化、调浆、焙烧、烧结、干燥等，为后续的熔炼或浸出工序作准备，也称狭义备料。

3.1.1.2 备料工序的主要目的

备料工序的主要目的是：

（1）对于矿山采出的氧化矿矿石，进行破碎和湿磨后（以使其细粒化，增加矿石的比表面积，提高浸出效率）送去浸出。

（2）对于经过选矿富集后的硫化锌精矿，通过配料、干燥并以使其成分均一、水分满足的情况下进行沸腾焙烧，再经过湿磨后（以使其细粒化，增加矿石的比表面积，提高浸出效率）送去浸出。

3.1.1.3 备料工序的预期效果

通过备料与焙烧使原料满足两个目的：

（1）使物料的物理形态达到熔炼或浸出要求（如结块或形成焙砂）。

（2）通过加入相应的熔剂或溶剂等配料，达到满足熔炼或浸出的要求（备料与焙烧质量将对熔炼和浸出过程产物的数量和产出率产生影响）。

3.1.2 备料工序的工艺流程

备料工序，根据精矿的不同选择各自的工艺流程，硫化锌精矿处理工艺流程如图3-1(a)所示，氧化锌矿（含锌品位较高）处理工艺流程如图3-1(b)所示。

3.1.3 备料工序的生产原理

3.1.3.1 锌精矿的储存和配料工作原理

锌精矿的储存和配料工作原理主要是：

(1) 把精矿分别卸入特设的矿仓内，并在矿仓上方通过设置抓斗吊车，随时按需要抓起精矿进行配料。

(2) 根据精矿成分、冶炼要求和进厂精矿数量确定混合比，并通过圆盘皮带进行配料，然后送去干燥。

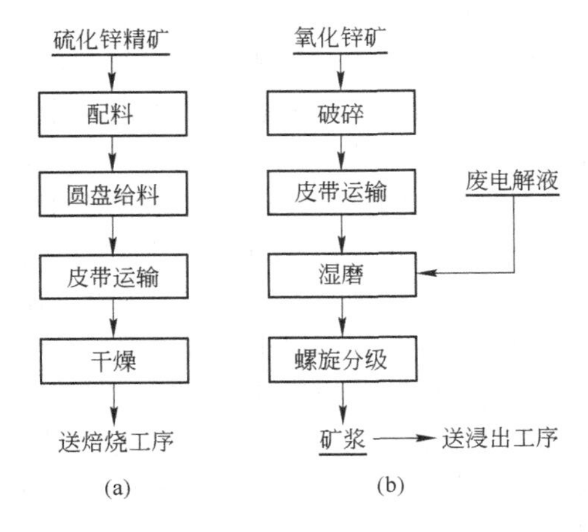

图 3-1 备料工序工艺流程
(a) 硫化锌精矿处理工艺流程；
(b) 氧化锌矿（含锌品位较高）处理工艺流程

3.1.3.2 硫化锌精矿的干燥工作原理

硫化锌精矿的干燥工作原理主要是：

(1) 通过回转窑（其加热可用煤、重油或气体，炉气入口温度 650～900℃，出口温度 150～200℃）对浮选所得含有 8%～15% 水分的精矿进行干燥以脱除多余的水分。含水应小于 8%。如精矿含水大于 8%，送去焙烧时，就会黏结于储矿槽内并在焙烧时结块，造成块料表面焙烧而内部未焙烧，使焙烧质量恶化，降低炉子的生产率。

(2) 干燥后的炉料经鼠笼破碎机破碎后送去焙烧。

3.1.3.3 氧化锌矿的磨矿分级工作原理

通过破碎机对氧化锌矿矿石进行不同程度的破碎，然后将经过破碎的各种固体物料送到球磨机进行研磨，最后再通过湿式分级机对矿浆进行液固分离而得到比 0. 15mm 细的粒级矿浆。

3.1.3.4 备料工序主要设备的工作原理

A 颚式破碎机的工作原理

颚式破碎机如图 3-2 所示，主要用来破碎矿石和熔剂。

图 3-2 颚式破碎机

B 球磨机的工作原理

球磨机如图 3-3 所示，由圆柱形筒体、端盖、轴承、传动大齿圈等主要部件组成。筒体内装入直径为 25～150mm 的钢球，称为磨介或球荷，其装入量为整个筒体有效容积的 25%。筒体两端端盖的法兰圈通过螺钉同筒体的法兰圈相连接。端盖中部有中空的圆筒形颈部，称为中空轴颈。中空轴颈支承于轴承上。筒体上固定有大齿圈。电动机通过联轴器和小齿轮带动大齿圈和筒体转动。当筒体转动时，磨介随筒体上升至一定高度后，呈抛物线抛落或呈泻落下滑。由于端盖有中空轴颈，物料从左方的中空轴颈给入筒体，逐渐向右方扩散移动。在自左而右的运动过程中，物料遭到钢球的冲击、研磨而逐渐粉碎，最终从右方的中空轴颈排出机外。

图 3-3　球磨机

当筒体旋转时，磨矿介质与矿石一起在推力和摩擦力作用下提升到一定高度后，由于重力作用而脱离筒壁沿抛物线迹下落，使处于磨矿介质之间的矿石受冲击作用而被击碎。同时，由于磨矿介质的滚动和滑动，使矿石受压力与磨剥作用而被粉碎。当衬板较光滑、钢球质量小、磨机转速较低时，全部钢球随筒体被提升的高度较小，只向上偏转一定角度，其中每个钢球都绕自己的轴线转动。这种情况的磨碎效果很差。当球荷的倾斜角超过钢球表面上的自然休止角时，钢球即沿此斜坡滚下，如图 3-4（a）所示，钢球的这种运动状态称为泻落。在泻落状态下工作的磨机中，矿料在钢球之间受到磨剥作用，冲击作用很小，所以磨矿效率不高。如果磨机的转速足够高，钢球边自转边随着筒体内壁做圆曲线运动上升到一定的高度，然后纷纷做抛物线下落，这种运动状态称为抛落式，如图 3-4（b）所示。在抛落式状态工作的磨机中，矿料在圆曲线运动区受到钢球的磨剥作用，在钢球落下的地方（底脚区），矿料受到落下钢球的冲击和强烈翻滚着的钢球的磨剥，此种运动状态磨矿效率最高。当磨机的转速超过某一限度时，钢球就贴在筒壁上而不再下落，这种状态称为离心运转，如图 3-4（c）所示。发生离心运转时，矿料也随筒体一起运转，无钢球的冲击作用，磨剥作用也很弱，磨矿作用几乎停止。

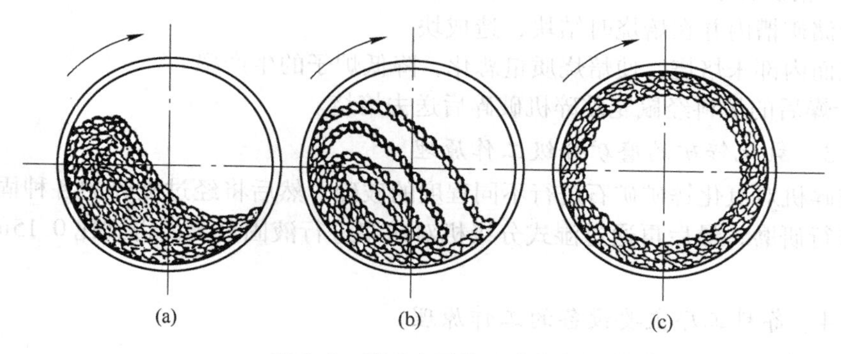

图 3-4　磨矿介质的运动状态
（a）泻落状态；（b）抛落状态；（c）离心状态

球磨机中最外层钢球刚刚随筒体一起旋转而不下落时的球磨机转速称为临界转速，球磨机的工作转速与临界转速之比的百分数称为转速率。实践证明，从提高磨机单位容积生产率出发，最佳转速率为 76% ~88%；从节省能耗、钢耗而言，最佳转速率应为 65% ~76%。为了综合考虑工厂的技术经济指标，球磨机的最佳转速应通过试验来确定，并在生产过程中进行调整。

C　湿式分级机的工作原理

分级可以用干法或湿法。干法分级用空气或烟道气作介质，称为风力分级。湿法分级用水作介质，称为湿式分级。湿法炼锌主要采用湿法分级。

湿式分级机主要的类型有水力分级机、螺旋分级机、水力旋流器和细筛等。最常用的分级机是螺旋分级机，它分为高堰式、低堰式和沉没式 3 种。根据螺旋数目不同，又可分为单螺旋和双螺旋两种。

如图3-5所示，螺旋分级机有一个倾斜的半圆形槽子，槽中装有一个或两个螺旋，它的作用是搅拌矿浆并把沉砂运向斜槽的上端。螺旋叶片与空心轴相连，空心轴支承在上下两端的轴承内。传动装置安在槽子的上端，电动机经伞齿轮使螺旋转动。下端轴承装在升降机构的底部，可转动升降机构使它上升或下降。升降机构由电动机经减速器和一对伞齿轮带动丝杆，使螺旋下端升降。当停车时，可将螺旋提取，以免沉砂压住螺旋，使开车时不至于过负荷。从槽子侧边进料口给入水槽的矿浆，在向槽子下端溢流堰流动的过程中，矿粒开始沉降分级，细颗粒因沉降速度小，呈悬浮状态被水流带经溢流堰排出，成为溢流；而粗颗粒沉降速度大，沉到槽底后被旋转的螺旋叶片运至槽子上端，成为返砂，送回磨矿机再磨。

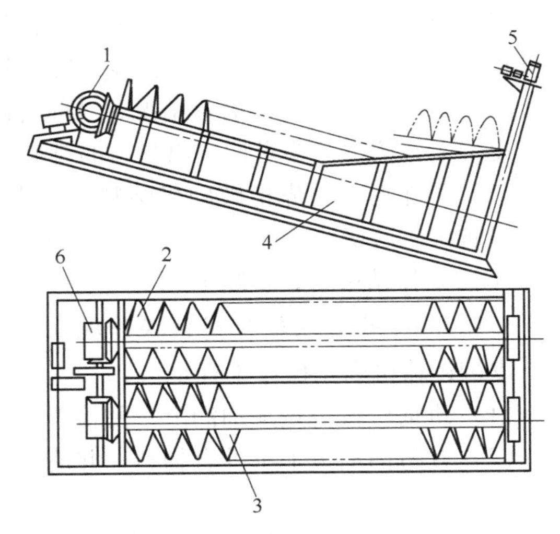

图3-5 螺旋分级机示意图

1—传动装置；2，3—左右螺旋；
4—分级槽；5—升降机构；6—上部支承

高堰式螺旋分级机的溢流堰比下端轴承高，但低于下端螺旋的上边缘。它适合于分离出0.15~0.20mm级的粒级，通常用在第一段磨矿，与磨矿机配合使用。沉没式的下端螺旋有4~5圈全部浸在矿浆中，分级面积大，利于分出比0.15mm细的粒级，常用在第二段磨矿与磨机构成机组。低堰式的溢流低于下端轴承中心，分级面积小，只能用于洗矿或脱水，现已很少用。

3.1.4 备料工序的操作规范

3.1.4.1 备料工序通用操作规程

备料工序通用操作规程是：

（1）应在上岗前穿戴好劳动保护用品。

（2）应定期检查和加注油料并随时掌握岗位所属设备性能。

（3）应及时向班组（或车间）汇报岗位所属设备的异常情况并协助处理。

（4）应如实向接班人员交代当班出现的设备及其他相关问题。

（5）应随时搞好岗位所属设备和工作场地的清洁卫生。

（6）应认真做好交接班记录。

3.1.4.2 颚式破碎机岗位操作规程

颚式破碎机岗位操作规程是：

（1）开机前应按润滑规定加油，并检查各部件有无异常情况及拉杆弹簧动颚板侧壁内是否有物料夹死，清除影响设备运转的障碍物。检查颚板楔铁、方头螺栓、拉杆、皮带松紧及衬板状态是否正常。

（2）开机后，待设备运转正常后，方能入料进行破碎。

（3）运行中要勤检查电动机、轴承座温度、部分螺栓松紧现象，排除矿口的活动和固定颚板磨损情况，控制最大给料粒度，发现问题应及时处理。

（4）经常检查挡板的磨损情况，及时拣除料中的杂物，防止各类杂物落到运转中的飞轮、皮带上，按工艺要求调整出料口的排矿粒度。

（5）停车时，首先把破碎机给料平台上的矿石破碎完后，待料全部破完后再停破碎机，以防排矿口堵塞。

（6）工作结束时，切断电源。

3.1.4.3 皮带运输机岗位操作规程

皮带运输机岗位操作规程是：

（1）班前应按规定加油润滑，并检查设备有无异常现象。

（2）开机前皮带上不准有物料，并清除影响运转的障碍物。待开动运转正常后方可均匀投料。

（3）皮带运输机使用刮料板时，刮板对皮带不得有过大压力，接料斗必须置于漏料口，不影响皮带运转。

（4）移动式皮带运输机工作时必须放正，要根据运料高度垫好倾斜角度并固定牢靠。

（5）运行中要经常检查皮带是否跑偏、脱扣，托辊及拉紧装置是否调好，严禁用钢棒、木棍等物体或人力推、顶等方法调整跑偏和打滑。

（6）工作中必须经常检查设备润滑情况，以及检查电动机运转是否正常、支承辊有无不转等异常现象。

（7）要及时拣除皮带上物料中的杂物。及时清除托辊及滚筒上的粘料，防止颗粒矿石掉入皮带内圈，维护好皮带清扫器。

（8）工作结束时，要卸掉皮带上的全部物料后方能停机，切断电源，清扫设备和工作场地。

3.1.4.4 圆盘给料机岗位操作规程

圆盘给料机岗位操作规程是：

（1）开动设备前应按润滑规定对减速机、大小伞齿轮等部件进行加油，检查设备及各部件是否处于完好状态，圆盘是否平衡运转。

（2）检查各紧固件有无松动，清除设备及周围杂物。检查电气部分是否具备启动条件。

（3）待一切正常后，开启下料闸板，直至达到适当的下料量。

（4）运行中必须经常检查设备润滑点的润滑情况，检查转动部位温度、声音是否正常。

（5）按工艺要求控制好料量，保证连续均匀给料。

3.1.4.5 球磨机岗位操作规程

球磨机岗位操作规程是：

（1）开机前应按润滑规定对主轴承、大小转动齿轮、减速器等润滑点的润滑情况进行检查并加油，还应看设备各部件是否有异常，地脚螺栓、衬板螺栓是否松动，转动部位有无障碍物，确认无误后方能开机。

（2）开机前应适当给入被磨物料，以免损伤衬板和发热。先开加油泵，然后再开磨机。

（3）工作中必须注意的事项有：

1）大小齿轮和减速器不应有缺油、磨牙、卡齿、转动不定。

2）主轴承的温度不应超过600℃（油温）。

3）磨机工作应平稳，应无强烈的摇动。

4）电动机的电流应无异常波动。

5）各连接紧固件和结合面应无松动和漏油、漏粉等现象。

（4）磨机各润滑点（主轴承、减速器、传动齿等）应保持良好的润滑密封，并定期补加油或更换。

（5）在筒体与端盖的法兰结合面磨体的衬板螺栓及各连接部位应保证密封，应调整好进出料口收尘系统。

（6）要经常检查磨体内部衬板松动和磨损情况，并要定期地更换维护，以免磨损筒体和端盖等机体。

（7）磨矿介质（球）的重量和规格应根据原料情况进行配比补加，不能随意加入，但不应超过规定范围。

（8）工作结束后停止给料，待其排空后方可停机。按下主电机停车按钮，使球磨机停止运行。待筒体完全停止转动后，停主轴承供油系统，并清扫设备及工作场地。

3.1.5 备料工序的安全文化

3.1.5.1 湿法炼锌的通用安全注意事项

湿法炼锌的通用安全注意事项是：

（1）严格遵守单位各项规章制度。

（2）严格遵守三大岗位操作规程。

（3）严格遵守职业卫生防护规定。

（4）严格遵守生产岗位职业道德。

（5）严格遵守遇险紧急处理规定。

（6）严厉禁止未按规定佩戴和使用劳保用品而进入工作现场。

（7）严厉禁止在工作现场吸烟、进食、打闹、饮水、睡觉。

（8）严厉禁止将工作服带回家中。

后面每个工序都得注意这些问题。

3.1.5.2 备料工序的安全生产隐患

备料工序的安全生产隐患主要是：

（1）备料工序可能存在的主要危险源有粉尘危害、有毒有害气体、机械碰撞及转动伤害、高处作业危险、起吊伤害、高温、锅炉等。

（2）备料工序可能导致事故发生的主要原因有设备设施缺陷、技术与工艺缺陷、防护装置缺陷、作业环境差、规章制度不完善和违章作业等。

（3）备料工序可能导致事故的主要类别有中毒窒息、机械伤害、高处坠落、物体打击、车辆伤害、起重伤害、灼烫、触电、锅炉爆炸、噪声，以及尘肺病等职业病。

（4）备料工序可能出现安全生产隐患的主要因素有：

1）物料装卸过程中，卡车、前装机等车辆作业范围广，作业量大，如防护措施不当，或司机注意力不集中，容易造成车辆伤害事故。

2）带式运输机启动时，有可能因启动牵引过大而造成输送机皮带“撕裂”事故；带式输送机在运行过程中，因物料不均匀等原因而造成皮带“跑偏”事故；皮带动输机在运行过程中由于滚筒、托辊轴承密封不严，粉尘落下，造成轴承摩擦过热而发生机械事故；另外，皮带运输机在运行过程中易发生卷入、割伤等机械伤害事故。

3）锌焙砂、焙尘等粉状物料，在收尘、皮带运输过程中易产生生产性扬尘，在矿尘污染较重的环境中，长期工作人员有可能导致尘肺病等职业病。

4）回转窑干燥过程中，产生的高温物质可引发灼伤及烫伤事故。

5）桥式起重机未设置过载限制器、防撞装置、轨道极限限位安全保护装置等安全装置，从而导致起重伤害事故。

6）回转窑、圆盘给料机、混料筒等转动设备，由于缺乏安全防护装置而引发的机械伤害事故。

7）起重机械用的钢丝绳断裂吊物坠落引发的吊物伤人事故。

8）斜梯、操作平台未设置安全防护栏，可引发人员高处坠落事故。

9）干燥窑、混料筒等设备未安装减振机座或采取其他降噪措施，工作场所的噪声达不到《工业企业噪声控制设计规范》（GBJ 87—85）的要求，严重时会造成职业性耳聋。

3.1.5.3 备料工序的安全生产预防措施

备料工序的安全生产预防措施主要是：

（1）备料工序从业人员在从业前应接受岗位技术操作规程、安全操作规程的培训，了解其作业场所和工作岗位存在的危险因素、防范措施及事故应急措施。

（2）备料工序从业人员在作业过程中，应当严格遵守本单位的安全生产规章制度和操作规程，服从管理，正确佩戴和使用劳动防护用品。

（3）备料工序从业人员发现事故隐患或者其他不安全因素，应当立即向现场安全生产管理人员或者本单位负责人报告。

（4）备料工序从业人员发现直接危及人身安全的紧急情况时，有权停止作业或者在采取可能的应急措施后撤离作业场所。

（5）特种作业人员（电工、焊工、装载机司机、起重机械司机、空压机工、锅炉工等）必须经培训后取得特种作业操作资格证书后方能上岗。

（6）厂内外的物料输送，包括锌焙砂、熔剂、返料、燃料等，应根据工艺要求，合理组织装卸，采取地上分类储存的方式，不同的物料应设置挡矿墙隔开。车流、人流、运输通道应设置交通标志，并符合《中华人民共和国道路交通安全法》等相关的法规和标准。

（7）装载机、起重机械应定期进行安全检查，确保设备完好，安全装置齐全有效。

（8）装载机、起重机作业时应由专人指挥协调。

（9）胶带运输机设置的人行通道，行人侧的宽度不小于1m，另一侧不小于0.6m，人行坡度大于7°时，应设置踏步。

（10）干燥窑、混料筒、皮带运输机、圆盘给料机等设备裸露的转动部分，设置安全防护装罩或防护屏，以防止机械伤害。

（11）直梯、斜梯、栏杆及平台的制作符合《固定式钢直梯和钢斜梯安全技术条件》（GB 4053.1～4053.2）、《固定式工业防护栏杆安全技术条件》（GB 4053.3）、《固定式工业钢平台》（GB 4053.4）的要求。

（12）备料系统的主要设备之间采取连锁的方式逆流开车，顺流停车。各设备兼有就地手动开关，以便单机调试时及事故时紧急停车。

（13）作业场所危险区域内设置安全警示标志。

3.1.5.4 备料工序的职业卫生防护措施

锌精矿备料生产中影响职业健康的因素主要有粉尘、噪声、振动等，其中，备料过程中生产的粉尘对身体健康危害较大。采取的职业卫生防护措施主要有：

（1）积极采用有效的职业病防治技术和工艺，限制使用或逐步淘汰职业病危害严重的技术和工艺。

（2）严格在线设备的管理制度，加强通风排毒，杜绝有毒、有害气体和液体的跑、冒、漏现象发生。

（3）严格执行职工劳保用品穿戴制度，杜绝违规现象的发生，对违者按相关规定处罚。

（4）仓库必须严格劳保用品入库验收，确保劳保用品质量合格，品种适用，对不符合质量要求的劳保用品不得办理入库手续。

（5）生产车间员工每年进行一次有毒、有害金属含量检测，所需费用由企业负担。

（6）新建、扩建、改建和技术改造项目可能产生职业病危害的，在可行性论证阶段应做职业病危害预评价。

（7）新进员工按规定进行相应的身体检查；离厂员工安排进行相应的身体检查。

3.1.5.5 备料工序的安全生产操作规程

A 皮带运输机岗位安全操作规程

皮带运输机岗位安全操作规程是：

（1）开机前要严格进行检查，确保设备转动点润滑良好，皮带无跑偏现象，油浸式滚筒电机内的油面必须保持在2/3高度以上。

（2）皮带正面严禁站人，严禁跨越运转皮带。

（3）停机前不得加料，待皮带上的余料输送完后方可停机。

（4）严禁在皮带运转时进行检修和更换滚筒、加油。需进行检修设备、更换滚筒及挡料时，必须停稳皮带，断开电源，并挂上“严禁合闸”的警示牌，同时应有专人看守、监护。

（5）皮带上严禁站人或堆放杂物。

（6）滚筒与皮带间夹物时，必须停机清理。

B 颚式破碎机岗位安全操作规程

颚式破碎机岗位安全操作规程是：

（1）开机前认真检查设备的转动润滑部位，确保润湿点及注油标满油，严格检查转动三角皮带是否有断裂现象，电机和破碎机的地脚螺栓是否紧固，发现问题应及时处理，当确认设备安全可靠后，方可开机生产。

（2）在破碎料仓给料作业时，脚要站稳，铲或棒不准直插到虎口内。

（3）停机前先停料，待余料全部破完后再停机。

（4）严禁在设备运转时调整衬板间隙、加油或清理设备卫生。

（5）在检修设备、调整衬板间隙、加油、更换皮带及清理设备卫生时，必须切断电源，并挂上“严禁合闸”等警示牌，必须有专人监护看守。

C 球磨机岗位安全操作规程

球磨机岗位安全操作规程是：

（1）开机前严格按设备操作维护规程认真检查，发现问题应及时处理，确保设备符合生产要求。

（2）严禁靠、扶在球磨机上，不得将铲、棒等杂物靠放在球磨机上。

（3）球磨机启动时，球磨机周围严禁站人。

（4）停机时，先停止进料，待物料磨送完后方可停机。

（5）磨机开机前先开油泵，严禁无油开磨机。

（6）需检修磨机时，必须停机，切断电源，并挂上“严禁合闸”等警示牌，必要时由专人进行监护。

3.2 焙烧工序

3.2.1 焙烧工序的主要目的

3.2.1.1 焙烧工序的生产过程

焙烧工序就是通过氧化焙烧，尽可能将锌精矿中的硫化物氧化生成氧化物（Zn 以 ZnO 留在焙砂中以便提取锌）及生产少量硫酸盐（S 以 SO_2 入烟尘制酸），并尽量减少铁酸锌、硅酸锌的生成。

3.2.1.2 焙烧工序的主要目的

焙烧工序主要有 3 个目的：

（1）满足浸出对焙烧矿成分和粒度的要求。

（2）补充系统中一部分硫酸根离子的损失。

（3）得到较高浓度的二氧化硫烟气，以便于生产硫酸。

3.2.1.3 焙烧工序的预期效果

通过氧化焙烧主要争取达到 5 个效果：

（1）尽可能完全地氧化金属硫化物，并在焙烧矿中得到氧化物及少量硫酸盐。

（2）使 As、Sb 氧化后挥发入烟尘。

（3）焙烧时尽可能少地生成铁酸锌，其不溶于稀硫酸，影响浸出率。

（4）得到高浓度 SO_2 烟气以制酸。

（5）得到细小粒子（0.074mm 以下（-200 目））的焙烧矿，以利于浸出。

3.2.2 焙烧工序的工艺流程

锌精矿经过配料、干燥和破碎后，送入焙烧系统。锌精矿的焙烧设备大多数采用沸腾炉。

沸腾炉焙烧工艺流程如图3-6所示。沸腾焙烧时空气从炉底风帽自下而上通过固体炉料层，鼓风速度要达到固体炉料颗粒被风吹动，松散并不停地运动。只要风速不超过一定值，固体粒子就在一定高度范围内处于悬浮状态。由于精矿粒子长时间处于不断运动的悬浮状态，有利于硫化锌精矿氧化过程的进行。

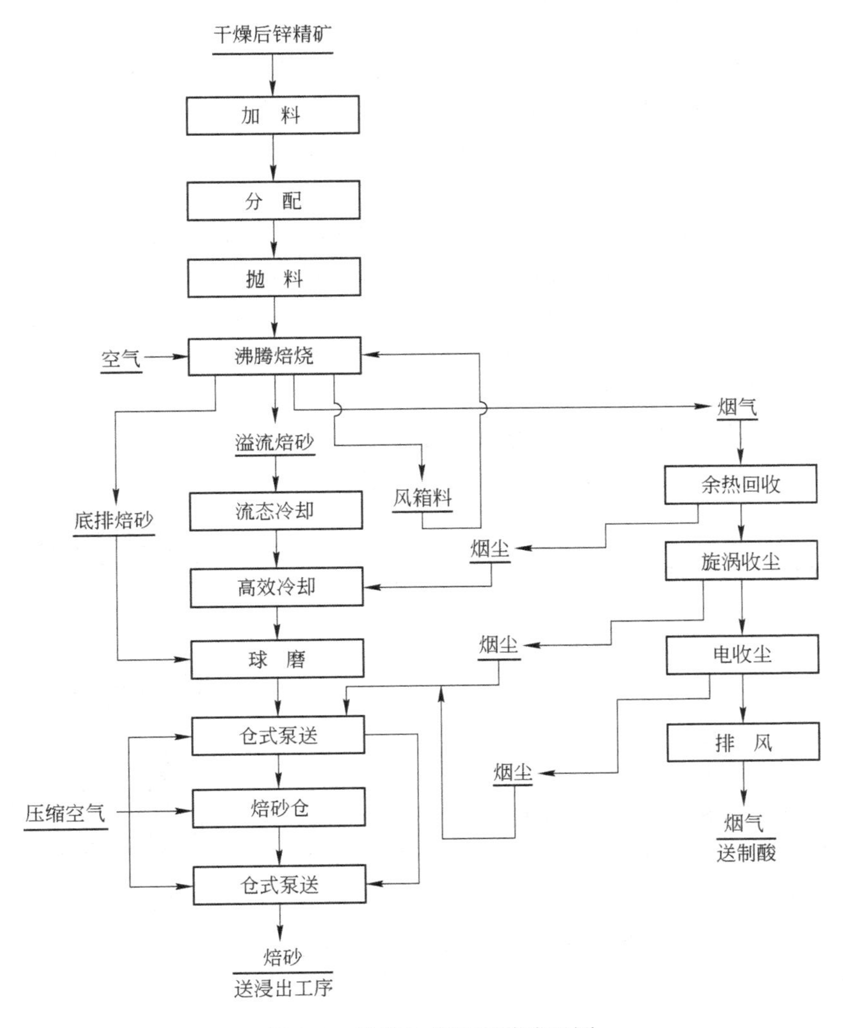

图3-6 沸腾炉焙烧工艺流程图

3.2.3 焙烧工序的生产原理

3.2.3.1 焙烧过程中的主要反应方程式

ZnS 的氧化反应式为：

$$ZnS+\frac{3}{2}O_2 = ZnO+SO_2 \quad (3\text{-}1)$$

$ZnSO_4$、SO_3的生成与分解反应式为：

$$2ZnO+2SO_2+O_2 \rightleftharpoons 2ZnSO_4 \quad (3\text{-}2)$$

$$2SO_2+O_2 \rightleftharpoons 2SO_3 \quad (3\text{-}3)$$

$ZnO \cdot Fe_2O_3$的生成反应式为：

$$ZnO+Fe_2O_3 \rightleftharpoons ZnO \cdot Fe_2O_3 \quad (3\text{-}4)$$

焙烧反应开始时进行反应（见式（3-1）），反应产生SO_2后，在有氧气存在的条件下氧化成SO_3，此反应为可逆反应，低温时（500℃）由左向右进行，在较高温度（600℃以上）时由右向左进行，即SO_3分解为SO_2与O_2。反应式（3-2）表明，在有SO_3存在时，ZnO可以形成$ZnSO_4$，此反应也是可逆反应。即当低温时，SO_3能在炉气中存在，形成$ZnSO_4$；而当高温时，$ZnSO_4$分解，形成ZnO。

可见，ZnS焙烧结果可形成ZnO与$ZnSO_4$。两者形成的多少视反应式（3-2）和式（3-3）而定。

改变温度和改变气相组成，都能改变其生成产物，但用降低p_{so_2}及p_{o_2}来保证获得更多的ZnO是生产中不允许的，这会降低焙烧设备及硫酸设备的生产能力。所以生产中提高ZnO含量的主要措施是提高温度，但温度的提高应考虑矿的熔结温度。一般全酸化焙烧温度为约680℃；部分酸化焙烧温度为870～900℃；氧化焙烧温度为1000～1070℃。

3.2.3.2 焙烧设备的工作原理

焙烧关键在于做到鼓风量、加料量和温度“三稳定”。

图3-7所示为目前广泛使用的鲁奇扩大型沸腾炉结构。

3.2.4 焙烧工序的操作规范

3.2.4.1 司炉岗位操作规程

A 开炉操作规程

开炉操作规程主要是：

（1）检查。开炉前做好设备、安全和环保方面的检查工作。应对所有设备进行一次全面细致的检查，确认各设备、仪表完全具备开炉条件；要对烟气系统各阀门、人孔门，煤气和供水、排水、排汽系统进行检查，确认其符合安全环保要求。如发现问题要及时处理，处理不了的要立即汇报给班长，由班长向上级汇报情况，等待处理意见，并组织人员积极配合。

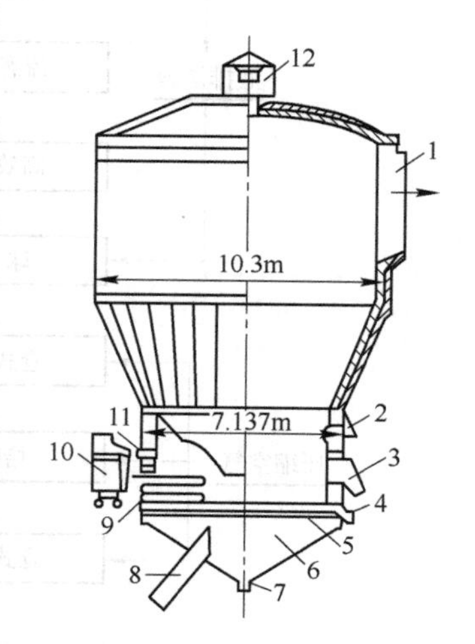

图3-7 鲁奇扩大型沸腾炉结构

1—排气道；2—烧油嘴；3—焙砂溢流口；4—底卸料口；5—空气分布板；6—风箱；7—风箱排放口；8—进风管；9—冷却管；10—高速皮带；11—加料孔；12—安全罩

（2）烘炉。新建炉子或大修的炉膛、炉床必须进行烘炉。烘炉前进行系统检查和试车。烘炉时先用木柴点火，然后用煤气慢慢升温，升温速度控制在5～10℃/h。温度升至250～300℃时，保温24h，再逐步降温，降温速度一般为10℃/h左右，要求烘炉升温、降温的速度均匀稳定。若烘炉后需直接转入生产（注：烘炉前先铺好底料），则在保温后再按15～30℃/h的速度升温至600℃，保温24h，逐步升温，再按（5）点火升温中第二条以后步骤操作。

（3）准备。注意做好前期准备工作，清扫炉膛，扎通风帽，并鼓风吹风眼一次，准备好木柴、点火火把和助燃废油。

（4）铺炉。底料所用焙砂需预先经8mm的筛网过筛，水分含量不超过2%，封砌好人孔门，然后铺炉。用斗式提升机走抛料机抛料铺炉，待两边抛料口处的焙砂达一定量时，对炉内进行鼓风，将焙砂鼓平，并观察焙砂沸腾状况。停风后，检查料面是否平整，如料面不平整，孔隙度不均匀，需进行处理，直至正常为止。抛料机铺炉可以边升温边铺炉。料层厚度350mm左右（焙砂40t左右）。

（5）点火升温：

1）炉内堆放约500kg木柴，按煤气点火时间提前15min开启高温风机，接通烟气放空，点燃炉内木柴。保证炉内有足够的明火和负压，启动开炉风机送风，然后开煤气点火升温，按升温曲线视升温情况点燃煤气喷嘴升温。煤气点火严格按操作规程进行操作。

2）当炉内温度（表面温度）达到800～850℃时，开动鼓风机，开始送风至炉料可以微沸腾，风量6000～8000m^3/h。

3）送风后继续升温。当沸腾层上部、中部温度均达到820～850℃时，逐步增风至10000～12000m^3/h，开始启动加料系统准备向炉内抛料（不含给料圆盘），并启动排风机。此时要仔细检查炉膛沸腾状况，发现沉积现象要及时处理。

4）同时联系硫酸系统接收烟气，当硫酸系统逐渐增风接收烟气时，打开电收尘进出口，逐渐关闭副烟道蝶阀，同时启动给料圆盘向炉内抛料，料量根据风量控制。

5）通烟气后，根据炉温及时调整炉子负压，并视炉温逐渐撤煤气至正常。

6）开炉正常后，风量根据硫酸系统的需要增风。

7）在开炉过程中，要根据实际情况合理调节各种工艺参数，确保温度不回落，尽可能快地使炉况正常。

8）在开炉过程中，锅炉岗位必须按有关规程升温、升压，蒸汽并网，与沸腾炉同步操作。

9）开炉正常后，检查烟气系统，加强堵漏，防止烟气泄漏，确保SO_2浓度，做好煤气阀和空气阀的防尘保护工作，停高温风机，并根据生产要求调节鼓风量和排风机出入口负压。

B 正常操作规程

正常操作规程主要是：

（1）为了保证沸腾炉正常生产，司炉岗位必须加强与加料、锅炉、硫酸系统（或化工厂）等岗位的联系，确保风量、料量、温度及SO_2浓度的稳定，确保生产的稳定及各岗位信息的快速传递与反馈，并按规定控制好技术条件。

（2）每班检查沸腾炉炉膛的沸腾情况和溢流排料情况，发现问题及时处理，必要时向有关人员汇报。

（3）当缩风至15000m^3/h以下后，风量恢复时应视冲矿溜槽放灰情况逐步增风，以免排料量过大造成溜槽放炮。

（4）密切注视岗位所属设备、仪表的运行情况，发现问题应及时分析原因，协同有关岗位配合处理，必要时向有关部门及人员汇报。

C 计划停炉操作规程

计划停炉操作规程主要是：

（1）停炉前，打开观察门观察炉内的沸腾状况。

（2）根据计划停炉的规定时间，必须事先与余热锅炉、硫酸系统及干燥窑等有关岗位联系有关停止投料及停送烟气的相关事宜。确保停炉后便于开展各项检修工作，精矿料仓的料加完。

（3）停炉前的准备工作做完后，根据规定时间停止加料，沸腾炉继续鼓风，并按降温计划降温，待 SO_2浓度降至放空标准时，及时对烟气阀门进行切换，放空。

（4）停止鼓风，对炉膛进行检查，停排风机进行自然降温，发现异常情况及时处理，并反馈给有关部门人员。

（5）待沸腾层温度降至低于150℃时，通知锅炉停送除盐水。

D 异常操作规程

异常操作规程主要是：

（1）系统停电。如果沸腾炉系统出现了全线停电，应立即通知硫酸系统以及相关岗位，及时向班长汇报，各岗位应对各所属的设备电源开关进行检查，确保断开电源，防止来电设备带负荷启动。值班班长必须及时对整个系统迅速做出统一安排，沉着、冷静，分清主次，力争不死炉，确保鼓风机、排风机、炉内埋管及锅炉等重要设备不受损失。主要岗位原则上按以下规定进行操作：

1）加料岗位，关闭抛料口处的闸板。

2）司炉岗位（含鼓风机），首先要配合鼓风机岗位处理问题，及时组织人员手摇油泵，确保鼓风机处于受保状态。

3）锅炉司炉岗位，关闭所有排污阀，确保锅炉水位。

当以上事情完成后，联系调度室，了解停电原因及来电时间，做好来电复产准备，并按相应岗位操作的要求及时开车。系统来电后首先确认锅炉水位正常，再按先启动排风机后启动鼓风机的顺序启动两台风机（不能带负荷启动），视炉内情况对炉内适量鼓风，视炉内沸腾情况及温度情况决定是否抛料。

如炉内沸腾状况良好，其中部温度高于650℃，应及时加料，同时控制好风量、料量及炉顶负压，确保开炉成功，再逐步将风量增至正常值。若发现沸腾状况良好，但温度低于650℃，则应按操作规程点煤气升温，按开炉升温的程序处理。如发现炉膛有沉积现象时，应及时果断地做以下处理：班长应快速组织力量，对抛料口处、排料口处的炉膛部分用钎子戳，压缩风吹，并适当调整风量，尽最大努力抢救炉子。若实在无法改善沸腾状态时，则做停炉处理。停电时，一定要及时向调度室及相关部门汇报，以便信息及时反馈与传递。

（2）当鼓风机、排风机单台设备出现停电时，按以下程序处理：

1）鼓风机停电，应立即通知加料岗位停止加料，汇报班长组织力量摇鼓风机的手动油泵；通知硫酸系统停止接收烟气，关注炉膛情况；及时向调度室联系，以便尽快恢复送电。

2）排风机停电，应立即缩风至微沸腾状况，同时对加料系统进行同步控制；来电后先空负荷启动排风机，然后带负荷运行；然后将鼓风量恢复正常；排风机停电时，可以考虑做停风保炉处理；排风机岗位则按有关设备操作规程进行操作，同时及时与相关岗位与部门联系。

E 停风保炉操作规程

当焙烧系统或上、下工序发生故障，需沸腾炉做短暂停炉处理（5h 以下）时，可使用停风保炉操作。

停风前的工艺条件为：标温大于910℃，小于950℃；风量（标态）高于 15000m^3/h；沸腾状态良好。

停风保炉操作规程是：接到停风保炉指令后，立即与硫酸系统及干燥窑联系有关事宜，共同确定具体时间；按规定的时间停料，待有一定的温降（30～50℃）后停风；问题处理好后，开 3 号排风机，带负荷（控制好负压）向炉内鼓风 8000～10000m^3/h，检查炉膛沸腾情况以及炉膛压力，炉膛状况良好，开始投料。注：在停风保炉期间，应掌握好温度情况，以及注意观察炉膛的状况。开炉时应注意控制好风量、料量以及炉膛、炉顶负压。

3.2.4.2 加料岗位操作规程

A 开车操作规程

开车操作规程主要是：

（1）详细检查各设备是否具备开车条件。

（2）在沸腾炉需加料时，首先打开加料口闸板，按抛料机、分料圆盘、加料皮带、加料圆盘顺序开启各设备，向炉内加料，将料仓出料口闸板和加料圆盘转速调节到合适，确保沸腾炉所需料量。

（3）在沸腾炉点火升温过程中，不需加料或加种子焙砂时，需关闭加料口闸板。

（4）随时根据生产要求调节给料量，保证炉温合格、稳定。

B 停车操作规程

停车操作规程主要是：

（1）沸腾炉正常停炉时，必须按要求加空料仓及返料斗的料后方可停止加料。

（2）待料仓加空后，按加料圆盘、加料皮带、分料圆盘、抛料机的顺序停车，然后关闭加料闸板。

3.2.4.3 鼓风机岗位操作规程

A 开车前的准备工作操作规程

开车前的准备工作操作规程主要是：

（1）检查风机、电动机地脚螺钉、联轴器螺钉是否松动。

（2）检查风机、电动机四周并清除附近杂物。

（3）检查润滑及冷却系统。

（4）检查各处温度计、仪器、仪表是否齐全完好。

（5）关闭进口阀门并确认。

（6）打开冷却水阀门，确认出口有水流出。

（7）启动电动油泵（或摇动手动油泵），对风机进行盘车（1圈以上），注意观察电动机风机内是否有异响，观察传动部分是否平衡，如有异声或盘车后反转，应进行处理。

（8）通知值班电工，对电动机进行绝缘检测，确认合格后送电。

B 开车操作规程

开车操作规程主要是：

（1）打开出风口阀门（换机、试机时打开放散阀门）并确认。

（2）观察油压是否上升到正常值，确认正常后，接通主机电源，启动电动机，风机进入轻负荷运行。

（3）观察电流是否降至正常值，风机、电动机是否振动、异响。

（4）逐步打开风机阀门，风机进入正常运行，并观察电流及仪器、仪表显示是否正常。

（5）观察风机、电动机运转情况。

C 正常停车操作规程

正常停车操作规程主要是：

（1）关闭进风口阀门。

（2）按下风机停止按钮，风机停止运转后，开启电动油泵。

（3）按下电动油泵停止按钮，油泵停止运转。

（4）关闭冷却水，排除冷却器内余水0.5h后关冷却水。

（5）通知调度停主回路电源。

D 紧急停车操作规程

有下列情况之一时，应及时开启电动油泵，按下主机停止按钮停机，及时向有关领导汇报，通知钳电工检查：

（1）风机、电动机是否有较大振动或异响。

（2）地脚螺钉是否松动。

（3）电动机是否冒烟或有烧焦味及电器设备是否发生故障。

3.2.5 焙烧工序的安全文化

3.2.5.1 焙烧工序的安全生产隐患

焙烧工序的安全生产隐患主要是：

（1）锌精矿焙烧生产过程中存在的危险源主要有粉尘危害、有毒有害气体、机械碰撞及转动伤害、高处作业危险、高温、锅炉等。

（2）焙烧工序可能导致事故发生的主要原因有设备设施缺陷、技术与工艺缺陷、防护装置缺陷、作业环境差、规章制度不完善和违章作业等。

（3）焙烧工序可能发生事故的主要类别有中毒窒息、机械伤害、高处坠落、物体打击、灼烫、触电、锅炉爆炸、噪声，以及尘肺病等职业病。

（4）焙烧工序可能发生安全生产隐患的主要因素有：

1）斜梯、操作平台未设置安全防护栏，可引发人员高处坠落事故。

2）沸腾焙烧炉设备损坏，SO_2烟气泄漏，造成中毒事故。

3）沸腾焙烧炉余热锅炉爆炸、缺水、满水、汽水共沸、炉管爆破、水位计损坏、水击事故等。

3.2.5.2 焙烧工序的安全生产预防措施

焙烧工序的安全生产预防措施主要是：

（1）焙烧工序从业人员在从业前应接受岗位技术操作规程、安全操作规程的培训，了解其作业场所和工作岗位存在的危险因素、防范措施及事故应急措施。

（2）焙烧工序从业人员在作业过程中，应当严格遵守本单位的安全生产规章制度和操作规程，服从管理，正确佩戴和使用劳动防护用品。

（3）焙烧工序从业人员发现事故隐患或者其他不安全因素，应当立即向现场安全生产管理人员或者本单位负责人报告。

（4）焙烧工序从业人员发现直接危及人身安全的紧急情况时，有权停止作业或者在采取可能的应急措施后撤离作业场所。

（5）特种作业人员（电工、焊工、装载机司机、起重机械司机、空压机工、锅炉工等）必须经培训后取得特种作业操作资格证书后方能上岗。

（6）沸腾焙烧炉余热锅炉应定期进行安全检查，并接受特种设备安全监督管理部门依法进行的特种设备安全监察和监督检验。

（7）直梯、斜梯、栏杆及平台的制作符合《固定式钢直梯和钢斜梯安全技术条件》（GB 4053.1～4053.2）、《固定式工业防护栏杆安全技术条件》（GB 4053.3）、《固定式工业钢平台》（GB 4053.4）的要求。

（8）作业场所危险区域内设置安全警示标志。

3.2.5.3 焙烧工序的职业卫生防护措施

锌精矿焙烧生产中影响职业健康的因素主要有粉尘、有毒有害气体、高温、噪声、振动等，其中，焙烧过程中生产的二氧化硫气体对身体健康危害较大。

A 二氧化硫的危害

二氧化硫的侵入途径主要是吸入。

二氧化硫的健康危害主要是：易被湿润的黏膜表面吸收生成亚硫酸、硫酸，对眼及呼吸道黏膜有强烈的刺激作用，大量吸入可引起肺水肿、喉水肿、声带痉挛而致窒息。

二氧化硫急性中毒：如轻度中毒时，发生流泪、畏光、咳嗽、咽喉灼痛等；严重中毒时，可在数小时内发生肺水肿；吸入极高浓度时，可引起反射性声门痉挛而致窒息。皮肤或眼接触二氧化硫时会发生炎症或灼伤。

二氧化硫的慢性影响：长期低浓度接触，可有头痛、头昏、乏力等全身症状以及慢性鼻炎、咽喉炎、支气管炎、嗅觉及味觉减退等，少数工人有牙齿酸蚀症。

a 二氧化硫危害的防护措施

呼吸系统防护：空气中浓度超标时，佩戴自吸过滤式防毒面具（全面罩）。紧急事态抢救或撤离时，建议佩戴自给正压式呼吸器。

眼睛防护：呼吸系统防护中已做防护。

身体防护：穿聚乙烯防毒服。

手防护：戴橡胶手套。

其他：工作现场禁止吸烟、进食和饮水。工作完毕，淋浴更衣，不将工作服带回家中。保持良好的卫生习惯。

b 急救方法

皮肤接触：立即脱去被污染的衣着，用大量流动清水冲洗，就医。

眼睛接触：提起眼睑，用流动清水或生理盐水冲洗。

吸入：迅速脱离现场至空气新鲜处，保持呼吸道通畅，如呼吸困难，给输氧，如呼吸停止，立即进行人工呼吸，就医。

B 其他职业危害的防护措施

其他职业危害的防护措施是：

（1）加强个人防护和健康监护。

（2）消除或降低噪声、振动源。

（3）消除或减少噪声、振动的传播。

（4）限制作业时间和振动强度。

（5）高温作业时采取通风降温方式，有自然通风和机械通风两种方式防护。

3.2.5.4 焙烧工序的安全生产操作规程

焙烧工序的安全生产操作规程是：

（1）上岗前必须穿戴好劳保用品，班中严禁喝酒，班前酗酒者严禁上岗。

（2）分厂员工以及外来人员，都要遵守现场悬挂的警示牌和安全标志。

（3）应保证焙烧炉在负压下工作。

（4）使用柴油点火升温时，应防止炉膛爆炸。首先，未使用的油枪应关好油阀，并将油枪抽出。其次，柴油燃烧时调整好风油比，防止柴油燃烧不完全甚至部分未燃烧柴油进入炉内。同时，柴油燃烧时必须有人看管，发现火灭后应及时关闭油阀，防止柴油泄漏进入炉内。若发现油枪熄灭，首先关闭油阀，估算进入燃油量，确定通风时间，进入的燃油量与通风时间成正比，每次通风时间不得少于5min。

（5）禁止在焙烧炉周围长时间高温作业，确需高温作业的，应穿戴好石棉衣、石棉手套等防护用品，并应有通风降温措施。

（6）本岗位有清理焙砂作业时，应采取放飞扬措施。

（7）使用天车起吊物品时，要严格遵守《吊装作业安全管理规定》。吊物之下严禁站人。操作人员必须持证上岗。

（8）焙烧炉冷却器必须严格按照压力容器安全操作规程操作，运行中要严密监视气包压力、水位，每班至少排污一次，操作人员必须持证上岗。操作人员应定期检查压力容器安全阀、压力表的检定日期，发现有过期的应及时报告工段或分厂。

（9）蒸汽非正常原因排放时，应在排放口安装消音设施，防止产生噪声污染，操作人员应佩戴耳塞。

（10）上岗操作要注意防滑、防跌、防坠落，进入冬季要防止地面、楼梯、平台等积水成冰，造成滑跌，上下楼梯要扶好扶手。

(11) 本岗位人员男不得留长发，女必须将长发扎好盘起置于帽中。

(12) 各种机械传动设备以及容易伤人的其他设备都必须装防护罩，否则员工有权拒绝操作。

(13) 检修、擦拭运转设备时，严禁戴手套。

(14) 随时检查设备的温度、润滑情况，检查有无异常声音、振动及气味。

(15) 各种管道、阀门设备漏酸碱或带酸碱作业的要佩戴好防酸碱手套、眼镜，穿好胶皮衣服，检修烟道及烟尘发生泄漏时，应佩戴防尘口罩。

(16) 进入焙烧炉或搅拌槽作业，必须办理《受限空间作业单》，确认完成后，方可进行作业。

(17) 严禁用水冲洗电动机、配电箱、开关、按钮、电路，受潮的设备严禁开启。

(18) 岗位员工应经常性地检查电气线路、开关等电气设备的完好程度，检修设备时应切断配电箱内电源，并出示“禁止合闸”标志牌。

(19) 在高处平台检修时，要采取措施防止螺丝、螺帽等小物件坠落造成人员受伤，检修结束后要做好现场的清理工作，做到工完料净场地清。

(20) 在风机房内操作时要戴好防噪声耳塞。

(21) 全体员工均有发现事故隐患及时报告的义务，发现直接危及人身安全的紧急情况时，有权停止作业或者在采取可能的应急措施后撤离作业场所。

(22) 妥善保管好灭火器材，做到定期检查压力和检验时间，摆放整齐。

3.3 收尘工序

3.3.1 收尘工序的主要目的

3.3.1.1 收尘工序的生产过程

收尘工序就是通过余热锅炉、收尘系统和制酸系统对锌精矿沸腾焙烧过程中产生的大量烟气进行回收处理。

3.3.1.2 收尘工序的主要目的

收尘工序主要有3个目的：

(1) 对烟气中53%～57%的Zn及相关金属进行有价金属回收。

(2) 对烟气中温度高达950℃左右的烟气进行能量回收。

(3) 对烟气中7%～11%的SO_2进行回收制取硫酸。

3.3.1.3 收尘工序的预期效果

收尘工序的预期效果主要是：

(1) 减少有价金属和能量的损失（通过余热锅炉和收尘系统进行回收）。

(2) 避免SO_2对环境造成污染（通过将SO_2气体送制酸系统生成硫酸）。

3.3.2 收尘工序的工艺流程

收尘工序工艺流程如图3-8所示。

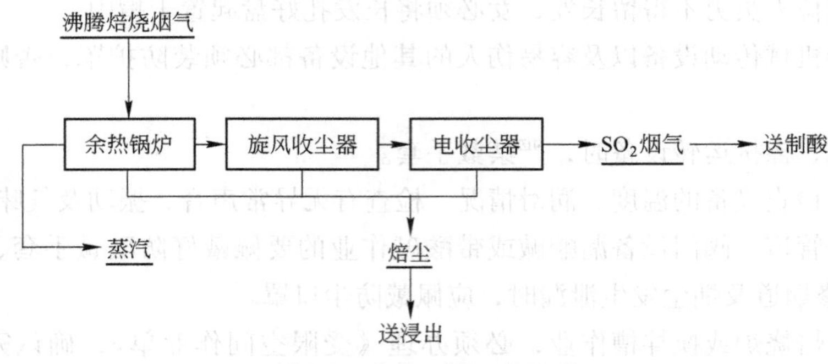

图 3-8 收尘工序工艺流程

3.3.3 收尘工序的生产原理

3.3.3.1 余热锅炉工作原理

无论是湿法炼锌还是火法炼锌流程，硫化锌精矿都必须经过焙烧脱硫变为氧化物，以适应下一步冶炼的要求。焙烧过程中，锌精矿的硫绝大部分生成SO_2，少量生成SO_3，进入烟气作为制酸原料，由于收尘系统的要求，其出炉的高温烟气（氧化焙烧达（1100±50)℃，酸化焙烧达（900±50)℃）必须冷却至（400±50)℃，常用的冷却方式有空气冷却器、立管式水冷却器、箱式水冷却器、汽化冷却器及余热锅炉。

余热锅炉主要发挥沉降收尘、吸热降温和余热利用3个作用。其结构如图 3-9 所示。

3.3.3.2 旋风分离器工作原理

旋风分离器是利用离心力的作用，从气流中分离出尘灰（或液滴）的设备，如图 3-10 所示。

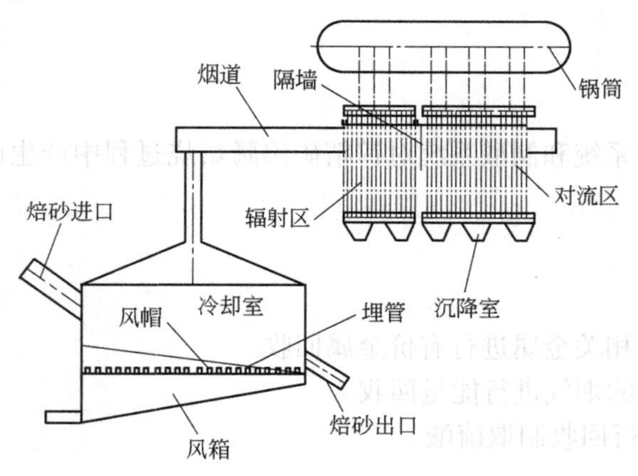

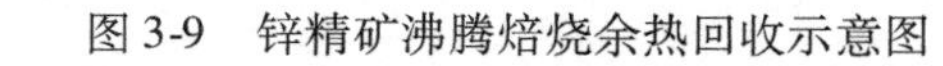
图 3-9 锌精矿沸腾焙烧余热回收示意图

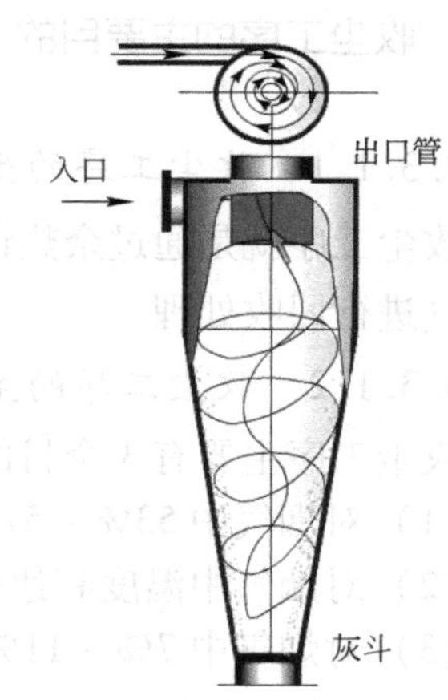

图 3-10 旋风分离器

3.3.3.3 电收尘器工作原理

电收尘器工作原理主要有两点：

(1) 使含尘气体通过高压直流静电场，由于电晕放电而使气体电离，气体离子向电极运动过程中与尘粒接触，使尘粒带电，最后到达收尘电极沉积其上，从而与气流主体分离。

（2）电收尘器对1μm以下的尘粒也有极高的收尘效率，这是其他方法所无法比拟的。利用静电分离作用净化含尘气体，一般分为4个过程：气体电离、颗粒荷电、荷电烟尘的运动、荷电颗粒放电。

其基本结构如图3-11所示。

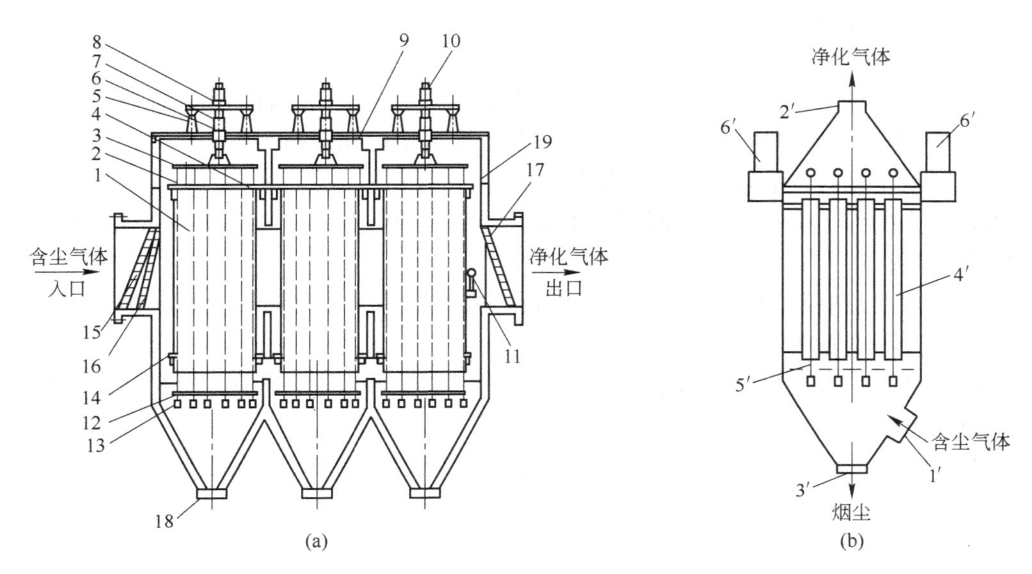

图3-11 板式与管式电收尘器的基本结构

（a）板式电收尘器；（b）管式电收尘器

1—收尘电极；2—电晕电极；3—电晕电极上架；4—收尘电极上部支架；5—绝缘支座；6—石英绝缘管；7—电晕电极悬吊管；8—电晕电极支撑架；9—顶板；10—电晕电极振打装置；11—收尘电极振打装置；12—电晕电极下架；13—电晕电极吊锤；14—收尘电极下部隔板；15，16—进口分流板；17—出口分流板；18—排灰装置；19—外壳；1′—含尘气体入口；2′—净化气体出口；3′—烟尘出口；4′—收尘电极（圆管）；5′—电晕电极；6′—绝缘箱

3.3.4 收尘工序的操作规范

3.3.4.1 电收尘岗位操作规程

A 开车前的准备工作操作规程

开车前的准备工作操作规程主要是：

（1）检查电场、分布板、阴阳极振打是否良好。

（2）检查灰斗振打、进出口阀门、蘑菇阀及刮板等是否正常。

（3）检查整流变压器及油位、高低压供电柜。

（4）检查阴阳极振打瓷瓶、楼顶保温箱、阴极瓷瓶和整流瓷瓶。

（5）检查空调机。

B 开车操作规程

开车操作规程主要是：

（1）当整流室温度不低于31℃时，应开启空调机制冷。

（2）检查确认各设备正常后，操作低压供电柜面板按键，开启主梁及阴极振打瓷瓶加热器，对瓷瓶加温。

（3）通烟气前必须与上下工序联系，然后打开出入口阀门，使沸腾炉烟气通过电收尘。

（4）操作整流室门边倒换开关，将所需开机倒换开关合至电场运行状态。

（5）当主梁及阴极振打瓷瓶温度上升到100℃时，操作高压供电柜开关及按钮对电场送电。

（6）合上现场安全开关，操作低压供电柜上开关及按钮，开启阴阳极振打。

（7）按规定间断性地操作现场开关，开动螺旋运输机和蘑菇阀。

（8）下灰不畅时，启动灰斗壁上振打。

（9）加强操作，保持电收尘器不堵不漏，稳定温度、压力，实现在额定值附近运行，提高收尘效率。

（10）电收尘刮板、蘑菇阀实行间断运行、分工管理，如有堵塞及积矿引起电场接地现象，应立即停车处理。

（11）电收尘整流操作室高低压供电柜外表、整流变压器及瓷瓶，每班清擦一次，保证无接地、放电现象发生。

（12）电收尘保温箱及瓷瓶、阴极振打瓷瓶每3天清擦一次，保证无接地、放电现象发生。

C 停车操作规程

停车操作规程主要是：

（1）停车前必须与上下工序联系。

（2）关闭电收尘出入口阀门。

（3）操作高压供电柜上开关，停止对电场供电，并将整流室外门边倒换开关转到接地位置，切断供电柜内电源，并挂上停电牌。

（4）操作低压柜上按钮开关，停振打电源，并挂停电牌。

（5）待电场清理完毕，灰尘放完后，再停蘑菇阀、绞笼。

D 电场故障处理操作规程

电场故障处理操作规程是：

（1）电场发生故障，应立即查出故障车号和对应电场，停车、挂地线和停电警告牌后方可进电场处理。

（2）故障处理完毕，所有人员、工具全部撤出场外，取下接地线，关上所有门窗后方能撤除停电警告牌、开车供电。

（3）凡处理电收尘故障，必须与上、下工序联系，待有回复信号后，方能由2人以上配合处理。

（4）凡擦拭高压整流室及电场、振打瓷瓶设备，均要停电、挂地线、挂停电牌。

3.3.4.2 排风机岗位操作规程

开、停车事先与沸腾炉司炉、电收尘、硫酸系统联系，按仪表联系信号操作。

A 开车前的准备工作操作规程

开车前的准备工作操作规程主要是：

（1）会同钳工、电工检查机械电气部分是否良好。

（2）检查油箱油位是否正常，给电动机、风机轴承加油。

（3）检查仪表是否完好。

（4）关闭风机入口阀，打开出口阀门。

（5）按风机顺转方向盘车数周。

B 开车操作规程

开车操作规程主要是：

（1）调节设定好风机的运行参数（转速），将转换开关打到本地控制。启动电动机，使之连续运转。

（2）逐渐升高风机转速正常，并逐步调大入口阀门，观察电动机是否过载，风量是否正常。联系司炉岗位将转换开关打到自动控制，由司炉人员根据系统情况控制排风机运行。

（3）在连续运转的前2h，每隔10min对风机、电动机的轴承部位振动、温升、油位、调节阀开度、控制电流、转速等做一次记录，以后每小时记录1次。

C 停车操作规程

停车操作规程主要是：

（1）关闭入口阀门。

（2）将转换开关打到本地控制，使风机转速降低，再断电动机开关。

（3）关闭风机出口阀门。

（4）停车告知电工切断配电室电源。

（5）停车后每班必须将风门“全开—全关”活动一次，避免风门结死。

3.3.5 收尘工序的安全文化

3.3.5.1 收尘工序的安全生产隐患

收尘工序的安全生产隐患主要是：

（1）收尘工序可能存在的主要危险源有粉尘危害、有毒有害气体、机械碰撞及转动伤害、高处作业危险、高温、锅炉等。

（2）收尘工序可能导致事故发生的主要原因有设备设施缺陷、技术与工艺缺陷、防护装置缺陷、作业环境差、规章制度不完善和违章作业等。

（3）收尘工序可能发生事故的主要类别有中毒窒息、机械伤害、高处坠落、物体打击、车辆伤害、灼烫、触电、锅炉爆炸、噪声，以及尘肺病等职业病。

（4）收尘工序可能出现安全生产隐患的主要因素有：

1）锌焙砂、焙尘等粉状物料在收尘、皮带运输过程中易产生生产性扬尘，在矿尘污染较重的环境中，长期工作人员有可能导致尘肺病等职业病。

2）斜梯、操作平台未设置安全防护栏，可引发人员高处坠落事故。

3）收尘设备损坏，SO_2烟气泄漏，会造成中毒事故。

4）余热锅炉爆炸、缺水、满水、汽水共沸、炉管爆破、水位计损坏、水击事故等。

5）收尘器振打装置工作时噪声较大，工作场所的噪声达不到《工业企业噪声控制设计规范》（GBJ 87–85）的要求，严重时会造成职业性耳聋。

3.3.5.2　收尘工序的安全生产预防措施

收尘工序的安全生产预防措施是：

（1）收尘工序从业人员在从业前应接受岗位技术操作规程、安全操作规程的培训，了解其作业场所和工作岗位存在的危险因素、防范措施及事故应急措施。

（2）收尘工序从业人员在作业过程中，应当严格遵守本单位的安全生产规章制度和操作规程，服从管理，正确佩戴和使用劳动防护用品。

（3）收尘工序从业人员发现事故隐患或者其他不安全因素，应当立即向现场安全生产管理人员或者本单位负责人报告。

（4）收尘工序从业人员发现直接危及人身安全的紧急情况时，有权停止作业或者在采取可能的应急措施后撤离作业场所。

（5）特种作业人员（电工、焊工、装载机司机、起重机械司机、空压机工、锅炉工等）必须经培训后取得特种作业操作资格证书后方能上岗。

（6）厂内外的物料输送，包括锌焙砂、熔剂、返料、燃料等应根据工艺要求，合理组织装卸，采取地上分类储存的方式，不同的物料应设置挡矿墙隔开。车流、人流、运输通道应设置交通标志，并符合《中华人民共和国道路交通安全法》等相关的法规和标准。

（7）余热锅炉应定期进行安全检查，并接受特种设备安全监督管理部门依法进行的特种设备安全监察和监督检验。

（8）直梯、斜梯、栏杆及平台的制作符合《固定式钢直梯和钢斜梯安全技术条件》（GB 4053.1～4053.2）、《固定式工业防护栏杆安全技术条件》（GB 4053.3）、《固定式工业钢平台》（GB 4053.4）的要求。

（9）备料系统的主要设备之间采取连锁的方式逆流开车，顺流停车。各设备兼有就地手动开关，以便单机调试及事故时紧急停车。

（10）作业场所危险区域内设置安全警示标志。

3.3.5.3　收尘工序的职业卫生防护措施

收尘工序中影响职业健康的因素主要有粉尘、有毒有害气体、高温、噪声、振动等，其中，焙烧过程中产生的二氧化硫气体对身体健康危害较大。

二氧化硫的危害及防护措施、急救方法，以及其他职业危害的防护措施与本书第3.2.5.3节所述一样。

其他职业危害的防护措施是：

（1）加强个人防护和健康监护。

（2）消除或降低噪声、振动源。

（3）消除或减少噪声、振动的传播。

（4）限制作业时间和振动强度。

（5）高温作业时采取通风降温方式，有自然通风和机械通风两种方式防护。

3.3.5.4　收尘工序的安全生产操作规程

收尘工序的安全生产操作规程是：

（1）启动设备前应检查转动部件是否正常完好，附属设备（含风、水、电、油路等开关和线路）是否完好正常。

（2）工作前应检查各安全附件、照明是否齐全、完好。

（3）在操作过程中必须时常保持上下岗位之间的密切联系。

（4）若上述安全要求未达到，操作人员有权提出整改要求或者拒绝作业。

（5）工作环境通风良好，安全防护设施齐全，无辐射，地面和操作台必须保持干净，无杂物、油污等。

（6）上岗前穿戴好劳保用品（工作服、绝缘胶鞋、手套、口罩），预防职业病。

（7）熟悉本岗位设备运行的技术操作规程（含收尘风机、空压机、变频风机、叶式风机、设备附属的开关柜、收尘袋室的喷吹系统等），严格按规程操作。

（8）留长发的女工必须用工作帽挽住头发进行操作，不许穿高跟鞋、凉鞋、拖鞋上岗。

（9）严禁用潮湿的手、抹布等触摸电气开关；设备运转中，禁止用手和其他物品触摸或擦拭机器的转动部分；禁止跨越转动部位。

（10）配合焙烧炉提高收尘效率，搞好袋室喷吹、防止环境污染事故的发生。

（11）打扫清洁卫生时，严禁用水喷淋设备的电机、开关箱柜。

（12）对机房、喷吹等设备进行检查时，巡检人员在巡视中要注意脚下、头部、路面及周围的环境，上下楼梯要抓好扶手，防止摔伤、碰伤、戳伤。

（13）电气和机械任何部位发生故障，应立即关闭开关，通知有关工员修理，未经修复，禁止启动。

（14）做好所属区域的清洁卫生工作。

（15）上下楼梯要用手扶好栏杆，不准跑跳，严禁将手揣放在裤兜或衣服兜内。

3.4 浸出工序

3.4.1 浸出工序的主要目的

3.4.1.1 浸出工序的生产过程

浸出工序是以稀硫酸溶液（主要是锌电解过程产生的废电解液）作溶剂，将含锌原料（最主要的焙烧矿、硫化锌精矿、氧化锌粉与含锌烟尘以及氧化锌矿等）中的有价金属溶解进入溶液的过程。原料中除锌外，一般还含有铁、铜、镉、钴、镍、砷、锑及稀有金属等元素，其铁、硅、砷、锑、锗等有害杂质也不同程度地溶解而随锌一起进入溶液，并对锌电积过程产生不良影响。因此，浸出过程也是在送电积以前利用水解沉淀方法把有害杂质尽可能除去并减轻溶液净化负担的过程。

3.4.1.2 浸出工序的主要目的

浸出工序就是要组织精兵强将做好这道湿法炼锌所有工序中最重要工序的工作，最终达到3个目的：

（1）将原料中的锌尽可能完全溶解进入溶液之中。

（2）采取措施除去部分有害杂质。

（3）得到沉降速度快、过滤性能好、易于液固分离的浸出矿浆。

3.4.1.3　浸出工序的预期效果

浸出工序努力取得两大效果：

（1）生产高质量的浸出矿浆。

（2）提高金属回收率。

3.4.2　浸出工序的工艺流程

浸出过程在整个湿法炼锌的生产过程中起着重要的作用。生产实践表明，湿法炼锌的各项技术经济指标在很大程度上取决于浸出所选择的工艺流程和操作过程中所控制的技术条件。因此，对浸出工艺流程的选择非常重要。主要采用的流程如下。

3.4.2.1　常规浸出工艺流程

为了达到上述目的，大多数湿法炼锌厂都采用连续多段浸出流程，即第一段为中性浸出，第二段为酸性或热酸浸出。通常将锌焙烧矿采用第一段中性浸出、第二段酸性浸出、酸浸渣用火法处理的工艺流程称为常规浸出工艺流程，如图3-12所示。

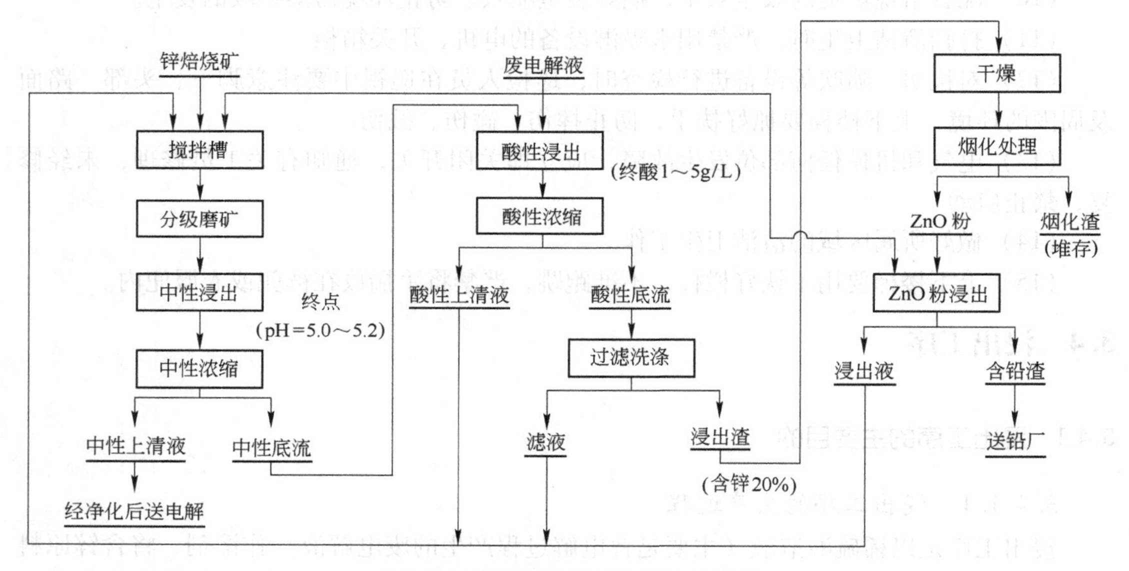

图3-12　湿法炼锌常规浸出工艺流程

常规浸出工艺流程是将锌焙烧矿与废电解液混合经湿法球磨之后，加入中性浸出槽中，控制浸出过程终点溶液的pH值为5.0～5.2。在此阶段，焙烧矿中的ZnO只有一部分溶解，甚至有的工厂中性浸出阶段锌的浸出率只有20%左右。此时有大量过剩的锌焙砂存在，以保证浸出过程迅速达到终点。这样，即使那些在酸性浸出过程中溶解了的杂质（主要是Fe、As、Sb）也将发生中和沉淀反应，不至于进入溶液中。因此，中性浸出的目的除了使部分锌溶解外，另一个重要目的是保证锌与其他杂质很好地分离。

由于在中性浸出过程中加入了大量过剩的焙砂矿，许多锌没有溶解而进入渣中，所以中性浸出的浓缩底流还必须再进行酸性浸出。酸性浸出的目的是尽量保证焙砂中的锌更完全地溶解，同时也要避免大量杂质溶解。所以终点酸度一般控制在1～5g/L。

虽然经过了上述两次浸出过程，所得的浸出渣含锌仍有20%左右。这是由于锌焙砂中有部分锌以铁酸锌（$ZnFe_2O_4$）的形态存在，且即使焙砂中残硫不超过1%，也还有少量的锌以ZnS形态存在。这些形态的锌在上述两次浸出条件下是不溶解的，与其他不溶解的杂质一道进入渣中。这种含锌高的浸出渣不能废弃，一般用火法冶金将锌还原挥发出来与其他组分分离，然后将收集到的粗ZnO粉进一步用湿法处理。

3.4.2.2 热酸浸出工艺流程

由于常规浸出工艺流程复杂，且生产率和回收率低，生产成本高，随着20世纪60年代后期各种除铁方法研制成功，锌焙烧矿热酸浸出法在20世纪70年代后得到广泛应用。现代广泛采用的锌热酸浸出工艺流程如图3-13所示。

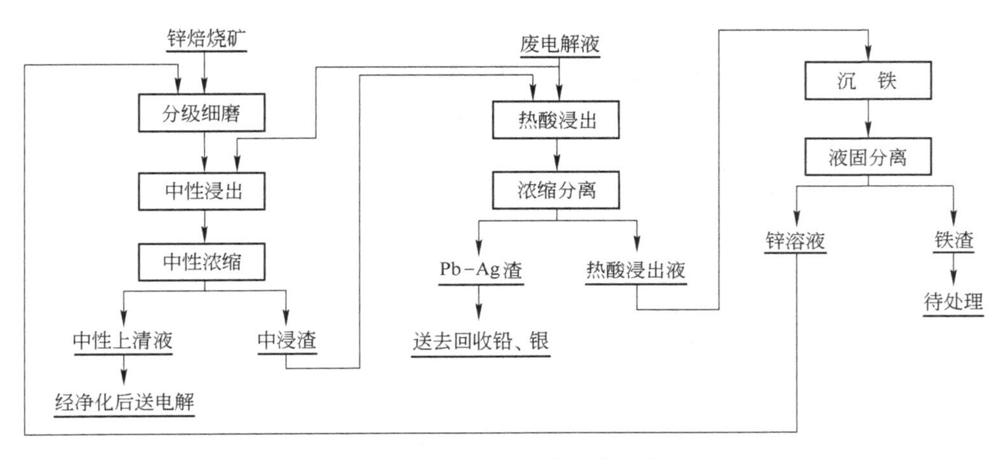

图3-13 锌热酸浸出工艺流程

热酸浸出工艺流程是在常规浸出的基础上，用高温（大于90℃）高酸（浸出终点残酸一般大于30g/L）浸出代替了其中的酸性浸出，以湿法沉铁过程代替浸出渣的火法烟化处理。热酸浸出的高温高酸条件，可将常规浸出流程中未被溶解进入浸出渣中的铁酸锌和ZnS等溶解，从而提高了锌的浸出率，浸出渣量也大大减少，使焙烧矿中的铅和贵金属在渣中的富集程度得到提高，有利于这些金属下一步的回收。

3.4.2.3 氧化锌粉浸出生产工艺流程

氧化锌粉浸出生产工艺流程如图3-14所示。

3.4.2.4 硫化锌精矿氧压浸出工艺流程

硫化锌精矿氧压浸出工艺流程如图3-15所示。

3.4.2.5 高硅氧化锌直接酸浸工艺流程

高硅氧化锌直接酸浸工艺流程如图3-16所示。

3.4.3 浸出工序的生产原理

锌焙烧矿中的锌主要以ZnO的形态存在，其次为结合状态的铁酸盐与硅酸盐，焙烧矿中的其他金属亦然。所以锌焙烧矿在稀硫酸溶液中的浸出反应，主要是金属氧化物MeO与H_2SO_4的反应，反应后产生的$MeSO_4$盐大都溶于水溶液中，只有少数不溶或微溶于水溶液中。

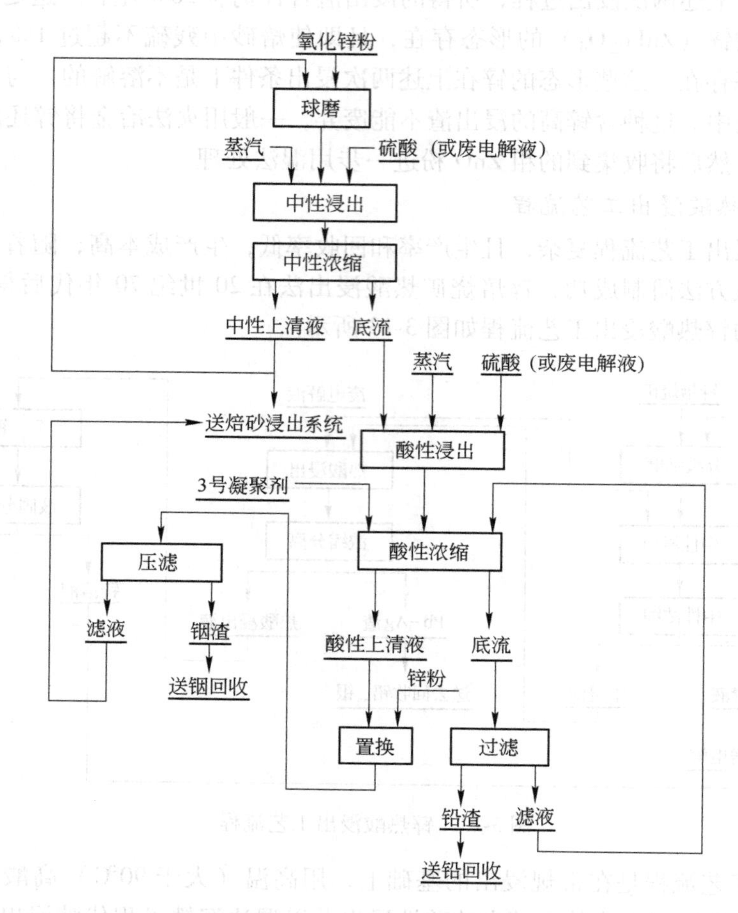

图 3-14　氧化锌粉浸出工艺流程

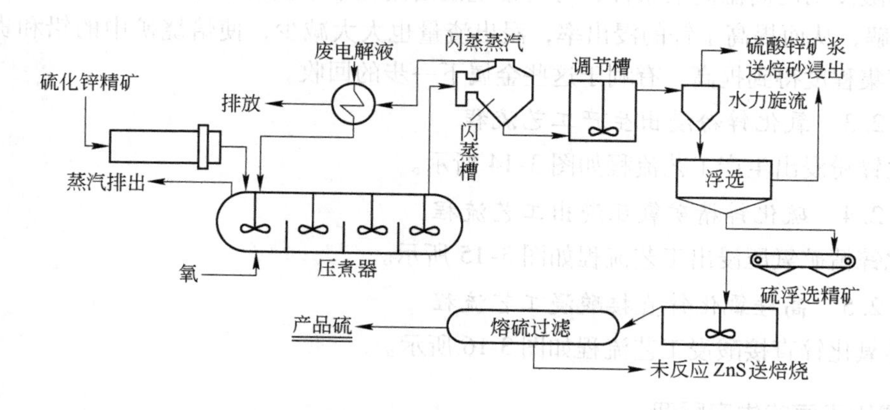

图 3-15　硫化锌精矿氧压浸出工艺流程

当浸出液中酸的浓度（pH 值）发生变化时，进入溶液中的金属离子 Me^{n+} 会在不同程度上形成某种不溶的化合物如 $Me(OH)_2$ 沉淀下来。MeO 在浸出过程中是溶入溶液中还是以不溶的 $MeSO_4$ 或 $Me(OH)_2$ 沉淀下来，取决于浸出过程中技术条件的控制。

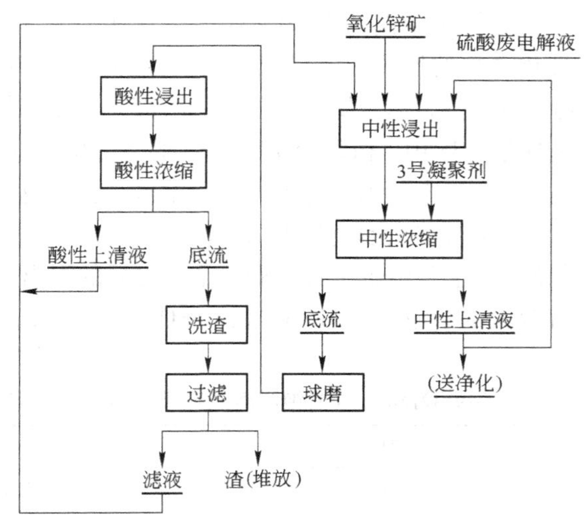

图 3-16 高硅氧化锌直接酸浸工艺流程

3.4.3.1 金属氧化物的溶解与沉淀反应原理

氧化物溶解于酸溶液的一般反应原理为：

$$MeO_{n/2}+nH^+ = Me^{n+}+n/2H_2O$$

当溶解反应达平衡时，溶液中的金属离子活度 $a_{Me^{n+}}$（可视为金属离子的有效浓度）与上述反应的平衡常数 K 及溶液 pH 值的关系为：

$$\lg a_{Me^{n+}} = \lg K - n\text{pH}$$

平衡常数 K 值可由 25℃ 下的 $\Delta G^{\ominus}$ 值计算得到，从而可作出 25℃ 时的 $\lg a_{Me^{n+}}$ 与 pH 值的关系图（见图 3-17）。

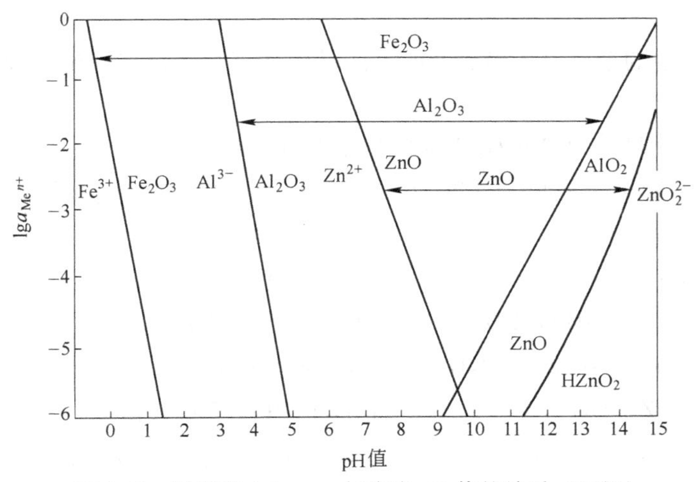

图 3-17 浸出液中 $\lg a_{Me^{n+}}$ 与溶液 pH 值的关系（25℃）

由图 3-17 可知，要使 ZnO 完全溶解，得到 $a_{Zn^{2+}}=1$ 的溶液，必须控制浸出液的 pH 值在 5.5 以下。一些难溶的氧化物，如 Al_2O_3 在酸浸时仅少量溶解进入溶液，大部分不溶而进入渣中；Fe_2O_3 在中浸时不溶，在酸浸时部分溶解入液，进入溶液中的铁主要以低价铁存在，在一般酸浸条件下，锌焙烧矿中的铁有 10% ~20% 进入溶液中；CuO 在中浸时不溶，在酸浸时部分溶解，锌焙烧矿中铜约有60%转入溶液中，其余一半则遗留在残渣中；砷、锑氧化物因具有两性化合物的性质，能以亚砷酸及亚砷酸盐、砷酸的形态进入溶液。

镍、钴、镉等氧化物易溶于酸，以金属硫酸盐进入溶液，而铅与钙的硫酸盐是难溶于水的，在室温下其溶度积分别为2.3×10^{-8}和2.3×10^{-4}，溶解度分别为0.042g/L和2.0g/L，所以可以认为在浸出时铅完全进入渣中，钙只有少量进入溶液。但是这类反应消耗了硫酸，所以原料含钙高时采用硫酸溶液进行湿法冶金是不适宜的，应先进行预处理，脱除钙。如果原料含铅高，采用硫酸作溶剂，只能从溶解了锌、铜等金属之后的浸出渣中提取铅。

硫酸盐在水溶液中有较大的溶解度，$MgSO_4$和$CaSO_4$饱和溶液在不同温度下的溶解度见表3-1。

表3-1　100g $MgSO_4$和$CaSO_4$饱和溶液在不同温度下的溶解度　(g)

名　称	298K	303K	313K	323K	333K
$MgSO_4$	26.65	29.0	31.0	33.4	35.0
$CaSO_4$	0.209	0.213	0.214	0.211 (326K)	0.200

从表3-1中可见，$MgSO_4$比$CaSO_4$的溶解度大得多，虽然随温度的降低其溶解度有所减小，但仍然可以认为浸出时产生的$MgSO_4$会完全进入溶液中；而$CaSO_4$的溶解度虽随温度的降低而略有增加，但增加不大。所以湿法炼锌的循环溶液中，钙、镁在溶液中的浓度会达到饱和，尤其在冷却过程中，便容易从溶液中析出，造成所谓钙镁结晶，堵塞管道，给生产带来许多麻烦。

锌、铁、铜、镉、镍、钴的氧化物在浸出时与硫酸作用生成硫酸盐，这些硫酸盐都能很好地溶解在水溶液中。这样一来，浸出的结果只能得到一种含有多种金属离子的溶液。这种溶液将给下一步电解法提取锌带来很多困难，必须在电解之前将锌以外的杂质离子除去。

分离酸性溶液中的金属离子最简便的方法是中和沉淀法，在理论上大都借助电势-pH图进行讨论。

3.4.3.2　$Zn\text{-}H_2O$系及$Me\text{-}H_2O$系电位-pH图的应用原理

图3-18所示为25℃金属离子活度为1时$Zn\text{-}H_2O$系电动势φ-pH图。图中的直线①～⑤分别表示下列反应：

$Zn^{2+}+2e=Zn$　　$\varphi=-0.763+0.0295\lg a_{Zn^{2+}}$　①

$Zn^{2+}+2H_2O=Zn(OH)_2+2H^+$　　$pH=5.85+1/2\lg a_{Zn^{2+}}$　②

$Zn(OH)_2+2H^++2e=Zn+2H_2O$　　$\varphi=0.44-0.06pH$　③

$ZnO_2^{2-}+2H^+=Zn(OH)_2$　　$pH=14.9+1/2\lg a_{ZnO_2^{2-}}$　④

$ZnO_2^{2-}+4H^++2e=Zn+2H_2O$　　$\varphi=0.44-0.12pH+0.03\lg a_{ZnO_2^{2-}}$　⑤

图3-18中的直线①～⑤将$Zn\text{-}H_2O$系电动势φ-pH图分为4个稳定区，即Zn、Zn^{2+}、$Zn(OH)_2$、ZnO_2^{2-}四个稳定相区。在湿法炼锌中，生产过程的pH值都控制在7以下，因此，ZnO_2^{2-}稳定相区对目前锌冶金无多大意义，而Zn^{2+}、$Zn(OH)_2$和Zn三个区域则构成了湿法炼锌的浸出、水解、净化和电积过程所要求的稳定区域。

从图3-18中可以看出，锌的溶解曲线②表示，当溶液中Zn^{2+}为1mol/L时，从含锌的溶液中开始沉淀锌的 pH 值为 5.5，即这种浓度的溶液 pH 值达到 5.5 时，便会沉淀析出 $Zn(OH)_2$。

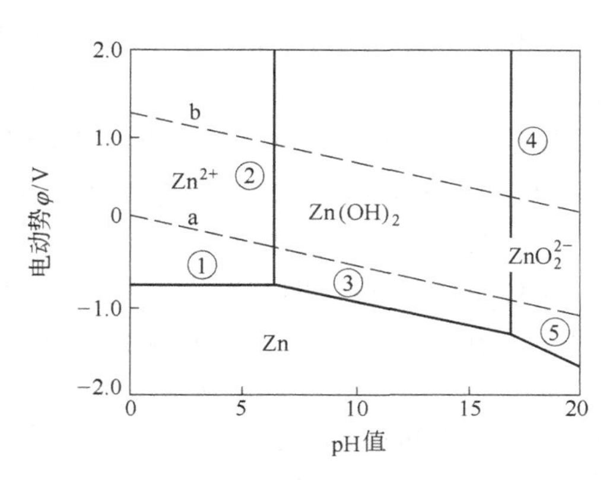

图 3-18 25℃金属离子活度为 1 时 $Zn-H_2O$ 系电动势 φ-pH 图

在锌焙砂浸出实践中，在70℃左右温度下进行浸出，浸出后溶液中的锌浓度为 130 ~ 160g/L。25℃ 时焙砂浸出后溶液锌含量为 130g/L 时，锌离子活度系数为 0.038，此时，锌离子活度为 0.0774。产生 $Zn(OH)_2$ 沉淀的 pH 值为 6.1，图 3-18 中②线向右移动。

当温度为 70℃时，$Zn(OH)_2$ 沉淀的 pH 值为 5.47，则图中②线向左移动。不过在这样的浓度变化范围内，pH 值降低不大。所以维持浸出终了的 pH 值为 5.2 左右，溶液中的锌是不会沉淀出来的，这就是目前生产上中性浸出控制 pH 值为 4.8 ~5.4 的理由。

为了研究进入锌浸出液中的杂质离子 M^{n+} 能否用中和沉淀法使其以 $M(OH)_n$ 沉淀除去，现将这些杂质反应的电动势 φ-pH 关系也绘制在 $Zn-H_2O$ 系电动势 φ-pH 图上，以比较哪些金属的 $M(OH)_n$ 能在低于 $Zn(OH)_2$ 开始沉淀的 pH 值下沉淀下来。有关金属的 $M-H_2O$ 系电动势 φ-pH 图如图 3-19 所示。

图 3-18、图 3-19 中：虚线 a 为氧线，虚线 b 为氢线，a 以上为氧的稳定存在区，a，b 之间为水的稳定存在区，b 以下为氢的稳定存在区。

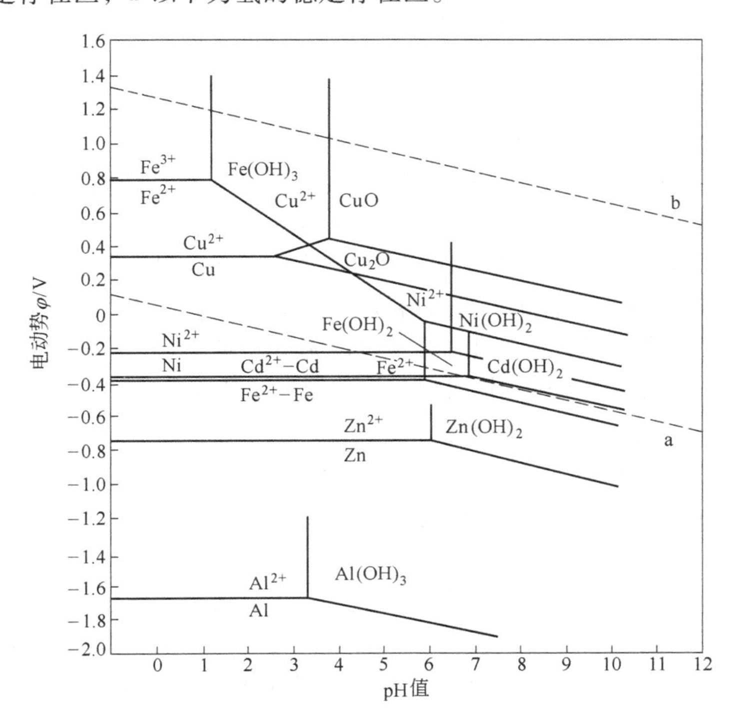

图 3-19 金属的 $M-H_2O$ 系电动势 φ-pH 图

$Cd-H_2O$ 系电动势 φ-pH 图与 $Zn-H_2O$ 系类似。在25℃，离子浓度为0.00445mol/L时，$a_{Cd^{2+}}$为0.00212，pH_{298}值为7.15，于是 Cd^{2+}与 $Cd(OH)_2$两区域的分界线，即溶解度直线的 pH 值应为 $pH_{298}=7.15-12\times lg0.00212=8.49$。

当温度为343K时，pH 值为7.49。这说明 Cd^{2+}在浸出液中是不能采用中和法将镉沉淀除去的，否则锌也将沉淀。与镉一样，假设工业溶液含铜为300mg/L时，Cu^{2+}和 $Cu(OH)_2$的分界线，即溶解度直线在 $Cu-H_2O$ 系电动势 φ-pH 图上的位置应该在 $pH_{298}=5.9$ 处。在锌焙砂中性浸出控制终点 pH 值为5左右，只有溶液中的铜含量大大高于300mg/L时，才能用中和法从溶液中分离出部分铜。例如，有一个工厂酸性浸出液中的铜含量高达1800mg/L，将这种溶液返回中性浸出，pH 值升到5.6时，中性浸出液中的铜含量便降到400mg/L，这说明一部分铜已沉淀进入渣中。

图3-19画出了 $Fe-H_2O$ 系 φ-pH 图。在实际溶液中铁离子的活度低于 10^{-6}。

将 $Fe-H_2O$ 系电动势 φ-pH 图划分为 Fe^{2+}、Fe^{3+}、$Fe(OH)_2$、$Fe(OH)_3$几个区域。而铁在浸出液中有低价态即 Fe^{2+}存在，Fe^{2+}与 $Fe(OH)_2$的分界线在 pH 值为6.6~9.15处。所以在锌焙砂浸出时控制 pH 值为5左右，不能将溶液中的 Fe^{2+}沉淀除去，只有将其氧化成高价铁 Fe^{3+}后才能除去，因为在一般中性浸出液的铁离子浓度范围内，Fe^{3+}离子开始沉淀的 pH 值为1.8~4.8，这个 pH 值低于 $Zn(OH)_2$开始沉淀的 pH 值，所以湿法炼锌可以采用中和法将溶液中的 Fe^{3+}沉淀下来。

当 $a_{Co^{2+}}=2\times10^{-4}$mol/L时，$Co^{2+}$和 $Co(OH)_2$的稳定区域分界线是在 pH=8.15处，所以用中和法是不能从这种溶液中将钴沉淀出来的。如果加入氧化剂使溶液的电动势升高，例如达到0.95V，那么溶液中的 Co^{2+}便可以氧化成 Co^{3+}，然后 Co^{3+}以 $Co(OH)_3$的形态沉淀出来。

在此电动势值下，Co^{3+}开始沉淀的 pH 值为6.6。所以在中性浸出条件下钴不会沉淀，不能从溶液中分离出来，镍也是如此。

综上所述，在锌焙砂浸出过程中，溶解进入溶液的上述杂质都有可能通过调节溶液 pH 值采用中和水解法使其沉淀下来。但是当 pH 值升高到5以上时，锌也会开始沉淀，从而达不到锌与杂质分离的目的。所以目前各湿法炼锌厂的中性浸出过程都控制 pH 值在4.8~5.4。在这样的 pH 值条件下，进入溶液中的 Cu^{2+}、Co^{2+}、Ni^{2+}、Cd^{2+}、Fe^{2+}等杂质便不能通过中和水解完全沉淀下来，只有 Fe^{3+}可以完全沉淀。生产实践还表明，在锌焙砂进行中性浸出沉铁时，溶液中的砷和锑可以与铁共同沉淀进入渣中。

3.4.3.3 提升浸出反应速度原理

锌焙烧矿用稀硫酸溶液浸出，是一个多相反应过程。一般认为物质的扩散速度是液固多相反应速度的决定因素；而扩散速度又与扩散系数、扩散层厚度等一系列因素有关。提升浸出反应速度，应：

(1) 努力克服浸出温度对浸出速度的影响。浸出温度对浸出速度的影响是多方面的。因为扩散系数与浸出温度成正比，提高浸出温度就能增大扩散系数，从而加快浸出速度；随着浸出温度的升高，固体颗粒中可溶物质在溶液中的溶解度增大，也可使浸出速度加快；此外，提高浸出温度可以降低浸出液的黏度，利于物质的扩散而提高浸出速度。一些试验说明，锌焙烧矿浸出温度由40℃升高到80℃，溶解的锌量可增多7.5%。常规湿法炼锌的浸出温度为60～80℃。

（2）努力克服矿浆的搅拌强度对浸出速度的影响。扩散速度与扩散层的厚度成反比，即扩散层厚度减薄，就能加快浸出速度。扩散层的厚度与矿浆的搅拌强度成反比，即提高矿浆搅拌强度，可以使扩散层的厚度减薄，从而加快浸出速度。

应当指出，虽然加大矿浆的搅拌强度能使扩散层减薄，但不能用无限加大矿浆搅拌强度来完全消除扩散层。这是因为，当增大搅拌强度而使整个流体达到极大的湍流时，固体表面层的液体相对运动仍处于层流状态；扩散层饱和溶液与固体颗粒之间存在着一定的附着力，强烈搅拌，也不能完全消除这种附着力，因而也就不能完全消除扩散层。所以过分地加大搅拌强度，只能无谓地增加能耗。

（3）努力克服酸浓度对浸出速度的影响。浸出液中硫酸的浓度越大，浸出速度越大，金属回收率越高。但在常规浸出流程中，硫酸浓度不能过高，因为这会引起铁等杂质大量进入浸出液，进而会给矿浆的澄清与过滤带来困难，降低$ZnSO_4$溶液质量，影响湿法炼锌的技术经济指标；此外，还会腐蚀设备，引起结晶析出，堵塞管道。

（4）努力克服焙烧矿本身性质对浸出速度的影响。焙烧矿中的锌含量越高，可溶锌量越高，浸出速度越大，浸出率越高。焙烧矿中SiO_2的可溶率越高，则浸出速度越低。焙烧矿粒的表面积越大（包括粒度小、孔隙度大、表面粗糙等），浸出速度越快。但是粒度也不能过细，因为这会导致浸出后液固分离困难，且也不利于浸出。一般粒度以0.15～0.2mm为宜。为了使焙烧矿与浸出液（电解废液和酸性浸出液）良好接触，先要进行浆化，然后进行球磨与分级。实际上，浸出过程在此开始，且大部分的锌在这一阶段就已溶解。

（5）努力克服矿浆的黏度对浸出速度的影响。扩散系数与矿浆的黏度成反比。这主要是因为黏度的增加会妨碍反应物和生成物分子或离子的扩散。影响矿浆黏度的因素除温度、焙砂的化学组成和粒度外，还有浸出时矿浆的液固比。矿浆液固比越大，其黏度就越小。

综上所述，影响浸出速度的因素很多，而且它们之间互相联系且互相制约，不能只强调某一因素而忽视另一因素。要获得适当的浸出速度，必须从生产实际出发，全面分析各种影响因素，并经过反复试验，从技术和经济上进行比较，然后选择最佳的控制条件。

3.4.3.4 氧化锌粉及含锌烟尘的浸出原理

A 氧化锌粉及含锌烟尘的来源

铅锌矿物原料大都来源于铅锌共生矿，经过优先浮选也很难达到铅锌完全分离。冶炼厂所处理的铅精矿与锌精矿都是相互掺杂在一起，还有赖于冶金过程进一步分离。如铅精矿冶炼过程是将精矿中的锌富集在炉渣中，然后用烟化炉处理炉渣，产出的氧化锌便作为湿法炼锌原料。湿法炼锌厂产出的浸出渣以及贫氧化锌矿，许多工厂都是采用回转窑烟化产出氧化锌粉，也是作为湿法炼锌的原料。

50%左右的金属锌用在镀锌钢铁产品上。当这些镀锌钢铁废件回炉再生时，便会产生一种含锌烟尘。这种烟尘含锌约20%，经回转窑和其他设备进行烟化富集，产出的氧化锌粉也可作为炼锌的原料。

有一部分金属锌用在黄铜（Cu-Zn合金）生产上，当这种黄铜废件再生冶炼回收铜时，锌以氧化锌粉形态回收，也可送湿法炼锌厂作原料。

B 各种氧化锌粉的化学成分

各种氧化锌粉的化学成分（质量分数）见表3-2。分析其中的数据可以看出，这种原料的成分复杂，含有害杂质较多，一般将其单独浸出后，得到 $ZnSO_4$ 溶液再泵至焙砂浸出系统。由于氧化锌粉中的 F^-、Cl^- 含量较高，浸出时都进入溶液，要从 $ZnSO_4$ 溶液中脱去 F^- 与 Cl^- 是比较困难的，所以在浸出之前需将这种氧化锌粉预先处理脱氟氯。

表 3-2 各种氧化锌粉的化学成分（质量分数）　　（%）

成　分	湖南某冶炼厂		云南某铅锌矿	钢铁厂产氧化锌	铜加工厂产氧化锌粉
	铅烟化炉氧化	锌回转窑氧化锌	氧化矿烟化炉氧化锌		
Zn	59 ~ 61	66.39	53 ~ 58	56 ~ 60	(ZnO) 75.96
Pb	11 ~ 12	10.40	16 ~ 22	7 ~ 10	10.45
F	0.9 ~ 1.1	0.167	0.11 ~ 0.17		1.1 ~ 2
Cl	0.03 ~ 0.06	0.126	0.055 ~ 0.07	2 ~ 4	0.2 ~ 0.4
In	0.08 ~ 0.1	0.064			
Ge	0.008	0.0124	0.025 ~ 0.032		
Ga	0.003	0.0116			
As	0.3 ~ 0.9	0.423	0.4 ~ 0.6	0.01 ~ 0.02	<0.01
Sb	0.2 ~ 0.4	0.0566	0.07 ~ 0.12		<0.01
SiO_2	0.8 ~ 1.0	0.277	1.5 ~ 2.5	0.4 ~ 0.6	
CaO	0.2 ~ 0.5	0.038	0.45 ~ 1.6	0.5 ~ 0.8	
Al_2O_3	0.13 ~ 0.75		0.2 ~ 0.6	(FeO) 2 ~ 5	
S	1.82 ~ 2.40	2.73	1.2 ~ 3.4	1 ~ 2	

这些氧化锌粉的粒度很小，表面能很大，在火法烟化中能吸附 SO_2 和有机物，亲水性差，导致浸出过程消耗更多的氧化剂（如 MnO_2），延缓浸出时间。浸出前将氧化锌粉进行预处理，才能改善这些性能。

3.4.3.5 氧化锌粉浸出前的预处理原理

氧化锌粉送浸出前的预处理主要是脱去其中的氟与氯。脱除氟氯的方法有高温焙烧和碱洗两种。高温焙烧脱氟氯可以在多膛炉或回转窑中进行。

（1）多膛炉焙烧处理氧化锌粉。湖南某冶炼厂所产回转窑氧化锌粉与烟化炉氧化锌粉的氟氯含量高达 0.1% ~0.2%，采用外加热的多膛炉焙烧脱氟氯。该厂将两种氧化锌混合后，加入 ϕ6.5m 的多膛炉中进行焙烧。

（2）回转窑焙烧。澳大利亚某电锌厂在回转窑中焙烧处理氧化锌粉。该厂年产电锌 4.5×10^4t，原料来自铅炉渣烟化处理过程的氧化锌粉，其成分（质量分数）为：Zn 66.0%，Pb 12.5%，F 0.25%，Cl 0.20%。

（3）湿法预处理。日本某工场处理的钢厂烟尘含氯和氟很高，分别达到 4.5% 和 0.8%，还原挥发后同样进入粗氧化锌中，其成分（质量分数）为：Zn 55% ~60%，Pb 7% ~10%，Fe 0.2% ~1%，CaO 0.05% ~0.1%，SiO_2 0.05% ~0.1%，C 0.5% ~1%，Cl 8% ~11%，F 0.2% ~0.5%，Cd 0.05% ~0.2%。

这种含氯和氟的粗氧化锌用苏打水进行洗涤脱除卤族元素。此法可洗去 75% 的氯和氟。洗涤过滤后所得滤饼在圆筒干燥窑中经700℃的高温干燥可以进一步脱去30%以上的氯和70%以上的氟。

3.4.3.6 氧化锌粉的浸出原理

工业原料氧化锌与含锌烟尘经高温（700℃左右）脱除氟氯之后的物料统称为氧化锌粉，湿法处理该物料都要经过浸出过程，与焙砂浸出相类似。浸出过程要求锌物料中的锌化合物迅速而尽可能完全溶解进入溶液中，只有极少部分锌进入到氧化锌浸出渣中。这种含Pb、Ag高，含锌低的渣，可送到铅系统处理。

在氧化锌被浸出的同时，锌物料中的部分杂质（如铁、砷、锑、锗、镉等）也会不同程度地溶解。所以，ZnO浸出液成分复杂，一般将其单独浸出后，得到的硫酸锌溶液再与焙砂浸出液合并。

氧化锌物料中的铟、锗、镓等有价金属则在酸性浸出过程中进入溶液，在铟锗置换工序，利用锌粉置换的办法沉淀这些稀散金属，使其进入置换渣中，以达到锌与铟、锗分离并使铟、锗在渣中富集的目的。

浸出过程得到的是一种固体与液体的混合物——矿浆。所以还必须通过浓缩与过滤把固体与溶液分离开来。所以浸出的目的除要求尽可能多地溶解锌、富集有价金属和除去一部分杂质外，还要求得到澄清性能与过滤性能好的浸出矿浆。

氧化锌粉具有还原性强、比表面积大、疏水性好的特性，所以难以直接进入溶液。干法上矿往往会使氧化锌粉悬浮在液面，需要强烈地搅拌，所以只有个别小厂应用干法上矿。大多数厂家采用湿法上矿。湿法上矿是将氧化锌粉首先与含酸的浸出溶液混合，以矿浆的形式泵入浸出槽内。湿法上矿的优点是，矿浆先后经浆化槽（或球磨机）、泵、分级机、管道或溜槽，使氧化锌粉与溶液充分接触，从而加速了浸出过程，提高了锌及有价金属的浸出率。株洲冶炼厂采用串联两台球磨机（ϕ1.5m×3m）湿法磨矿后再泵入中性浸出槽，提高了磨矿效果，使锌的浸出率达到了95%～97%。

氧化锌粉的浸出是用锌电积的废电解液作溶剂，其反应式为：

$$ZnO+H_2SO_4 = ZnSO_4+H_2O$$

锌浸出其实是一个简单的溶解过程，但是原料的成分复杂，因而该浸出过程变得复杂。一般采用一段中性与一段酸性的两段浸出作业。

第一段为中性浸出，使原料中大部分锌进入溶液，借助中和水解法使铟、锗等有价金属残留于渣中。

第二段浸出为酸性浸出，主要是使中性浸出渣中的锌、铟、锗、镓等尽可能多地进入溶液，而铅留于渣中，达到锌、铟、锗、镓和铅的分离。其化学反应式为：

$$ZnO+H_2SO_4 = ZnSO_4+H_2O$$

$$In_2O_3+3H_2SO_4 = In_2(SO_4)_3+3H_2O$$

$$GeO_2+2H_2SO_4 = Ge(SO_4)_2+2H_2O$$

$$GaO+H_2SO_4 = GaSO_4+H_2O$$

获得的酸性上清液采用锌粉置换法将其中的铟、锗、镓置换沉淀出来，达到富集的目的。

$$In_2(SO_4)_3+3Zn = 3ZnSO_4+2In\downarrow$$

$$Ge(SO_4)_2+2Zn = 2ZnSO_4+Ge\downarrow$$

$$GaSO_4+Zn = ZnSO_4+Ga\downarrow$$

无论是中性浸出还是酸性浸出，均可采用间断或连续操作方式。

3.4.3.7 *硫化锌精矿氧压浸出原理*

硫化锌精矿氧压浸出的特点是锌精矿可以不经过焙烧，在一定压力和温度条件下，往压煮器内通入氧气，并利用氧气和稀硫酸直接酸浸使硫化锌精矿中的锌和硫分别转变成水溶性硫酸锌溶液和元素硫。该工艺浸出率高，适应性强，设备占地面积小，基建投资省，与其他炼锌方法比较，在环保和效益方面具有很强的竞争优势，特别适宜交通困难地区。

1977 年，加拿大谢利特哥顿（Sherritt Gordon）矿业有限公司和科明科（Cominco）矿业有限公司联合进行硫化锌精矿氧压浸出试验。1981 年，世界上第一套硫化锌精矿氧压浸出工业装置在科明科公司所属的特雷尔（Trail）厂投产；1983 年，第二套工业装置在加拿大奇德克里克（KiddCreek）矿业有限公司电锌厂投产。其浸出原理如下。

硫化锌氧压浸出的基本反应式为：

$$ZnS+H_2SO_4+\frac{1}{2}O_2 = ZnSO_4+S+H_2O$$

在浸出过程中，这种反应进行得很慢，需要有溶解的铁来促进氧的传递以加速其进行，其反应式为：

$$ZnS+Fe_2(SO_4)_3 = ZnSO_4+2FeSO_4+S$$

$$2FeSO_4+H_2SO_4+\frac{1}{2}O_2 = Fe_2(SO_4)_3+H_2O$$

溶液中的铁主要来源于硫化锌精矿中的磁黄铁矿和铁闪锌矿在浸出过程中生成的可溶性 $FeSO_4$，其反应式为：

$$FeS+H_2SO_4+\frac{1}{2}O_2 = FeSO_4+H_2O+S$$

浸出过程中，方铅矿（PbS）、黄铜矿（$CuFeS_2$）等也被氧化生成相应的硫酸盐进入浸出液，其反应式为：

$$PbS+H_2SO_4+\frac{1}{2}O_2 = PbSO_4+S+H_2O$$

$$CuFeS_2+O_2+2H_2SO_4 = CuSO_4+FeSO_4+2S+2H_2O$$

$$CdS+H_2SO_4+\frac{1}{2}O_2 = CdSO_4+S+H_2O$$

黄铁矿（FeS_2）在强氧化条件下氧化成硫酸，其反应式为：

$$2FeS_2+7.5O_2+H_2O = Fe_2(SO_4)_3+H_2SO_4$$

浸出反应释放出的热量，为过程本身提供了所需的热源。浸出过程中需加入表面活性剂，以消除生成的元素硫对矿物表面的包裹，使浸出反应能进行完全。随着浸出过程的进行，溶液酸度降低，溶液中 Fe^{3+} 以铁矾、配合硫酸盐或氧化物状态进入浸出渣，其反应式为：

$$3Fe_2(SO_4)_3+PbSO_4+12H_2O = PbFe_6(SO_4)_4(OH)_{12}\downarrow+6H_2SO_4$$

$$3Fe_2(SO_4)_3+K_2SO_4+12H_2O = 2KFe_3(SO_4)_2(OH)_6\downarrow+6H_2SO_4$$

$$3Fe_2(SO_4)_3+14H_2O \longrightarrow (H_3O)_2Fe_6(SO_4)_4(OH)_{12}\downarrow +5H_2SO_4$$

$$Fe_2(SO_4)_3+(x+3)H_2O \longrightarrow Fe_2O_3 \cdot xH_2O\downarrow +3H_2SO_4$$

硫化锌精矿在球磨机内磨细到粒度95%小于44μm，加入表面活性剂后，用泵送入压煮器第一室。同时泵入预热到343K的锌电解沉积废电解液和通入工业氧气。浸出温度为418～428K，浸出压力为1300kPa。浸出后的矿浆由压煮器排到闪蒸槽，在那里降压到100kPa。闪蒸所产生蒸汽用于预热浸出液（锌电解沉积废电解液）。矿浆再由闪蒸槽排入调节槽，同时冷却到353K，此时元素硫由非晶形转变为单斜晶形。调节槽的矿浆送到水力旋流器进行分离，溢流为硫酸锌溶液。硫酸锌溶液含锌115g/L、含$H_2SO_4$30g/L，经中和、净化后送电解沉积生产金属锌。旋流器底流为富硫精矿，经泡沫浮选得到硫精矿。硫精矿经过滤和洗涤后，用蒸汽间接加热熔融，熔融的粗硫经硫黄压滤机过滤，得到含元素硫99%的精制硫黄。

硫化锌精矿氧压浸出的锌浸出率可达到98%以上。硫转换为元素硫的转换率与精矿中黄铁矿含量有关。黄铁矿含量低，有利于硫的转换和回收。加拿大特雷尔厂的硫转换率达到95%。

3.4.3.8 硫化锌精矿氧压浸出设备工作原理

硫化锌精矿氧压浸出的主体设备是卧式压煮器（见图3-20），压煮器用隔墙分为几个室，各室都装有搅拌器。压煮器外壳为由碳钢焊接而成，内衬铅板、保温砖和耐酸砖。

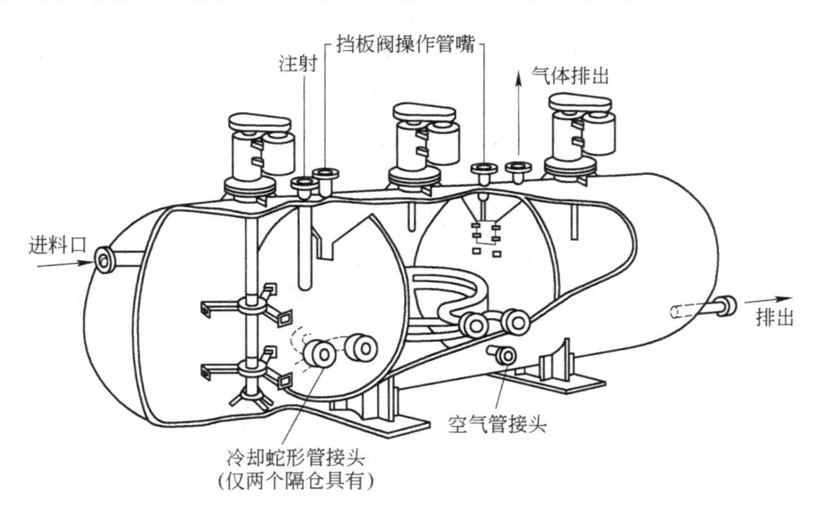

图3-20 加压浸出压煮器

3.4.3.9 氧化锌精矿直接浸出原理

A 氧化锌矿原料的特性

氧化铅锌矿或称氧化锌矿是硫化铅锌矿的风化产物，大都赋存于地表附近。由于氧化锌矿有一定资源，矿体埋藏浅，且多为露天矿床，开采条件好，应该也是炼锌的一种原料。氧化锌矿按其组分不同主要分为红锌矿（ZnO）、菱锌矿（$ZnCO_3$）、硅铅锌矿（$ZnPbSiO_4$）、异极矿［$Zn_4Si_2O_7(OH)_2 \cdot H_2O$］、水锌矿［$Zn_5(CO_3)_2(OH)_6$］等5种类型。目前所探明的已开采的氧化锌矿大多属于菱锌矿、硅铅锌矿和异极矿。

氧化锌矿其组成较为复杂，可选性较差，选矿回收率一般只能达到70%～75%，且选矿成本较高，又不易用简单、直接的冶金方法处理。所以除部分含锌品位较高的氧化锌矿可直接酸浸处理或作为火法冶金（鼓风炉炼锌）锌冶炼原料外，大部分含锌品位较低的氧化锌矿需经过火法富集才能作为锌冶炼的原料。火法富集即采用回转窑、烟化炉、旋涡炉等设备，将平均含锌品位较低的原矿通过还原烟化富集产出含锌烟尘后，再进一步冶炼产出金属锌。该法特别适宜远离锌冶炼加工的中、小型矿山，将氧化锌矿经烟化富集后，产出含50%～60% Zn的ZnO粉再送炼锌厂处理。但是，采用火法烟化富集得到的氧化锌粉含有一定量的氟和氯，用于湿法炼锌进行处理前还需通过预处理脱除氟氯。

所有的氧化锌矿都能被稀硫酸溶解，得到的硫酸锌溶液即可按常规的湿法冶金过程进行生产，产出电锌，这样生产流程大为简化。但是不经预处理直接浸出氧化锌矿的技术条件与操作并不同于一般的锌焙烧矿。

氧化锌矿的平均含锌品位较低，直接酸浸时液固比条件难以控制，且产出的浸出液含锌离子浓度低，净化后液的锌离子与杂质金属离子的比值较小，不利于产出高等级的电锌和得到较好的电流效率。加上氧化锌矿绝大部分都是属于高硅高铁类型的含锌物料，原矿含硅15%～20%，部分异极矿含硅达到35%～40%，且组分较为复杂，使得直接浸出的工艺技术难度较大。尽管氧化锌矿直接浸出存在上述困难，但因氧化锌矿原料成本相对较低，使用相对成熟可靠的工艺方法，既可充分利用有限的锌金属资源，同时也可得到较好的经济效益。

为解决氧化锌原矿酸浸时液固比较低的困难，大部分湿法炼锌厂均采用返液的办法，即将中性浸出液返回浸出工序来调整液固比条件，从而获得较易澄清的矿浆，确保浓缩与过滤的进行，与此同时，浸出液含锌可达到100～120g/L，基本上能满足锌电解沉积的浸出液质量要求，且浸出过程中的液固比条件得到改善，可进一步强化浸出时的传质过程，锌浸出回收率得到明显提高。

氧化锌矿除具有高硅的特性外，其中铁、钙、镁等杂质的含量也较高，钙、镁的杂质含量高既会造成酸耗的急剧上升，同时过饱和的钙镁结晶析出会造成管道系统堵塞，还会在阳极表面形成钙、镁、锰的结晶，从而使得电解沉积的槽电压上升、电耗提高，且清槽周期缩短，阳极板单耗上升。

B 氧化锌矿直接酸浸过程中胶体的形成与控制

氧化锌矿中含有大量的二氧化硅和铁，如果二氧化硅属于游离态的石英，对浸出过程并无明显的影响，而结合态的二氧化硅在低酸条件下可溶率并不高；氧化锌矿中的铁则可溶率相对较高，一般能达到50%～60%。以兰坪氧化锌矿为例，其原矿中含铁为15.72%，而可溶铁的质量分数高达9.40%，所以氧化锌矿中的铁和二氧化硅对浸出过程均是有害的。直接酸浸工艺的技术核心是在设法克服二氧化硅影响的同时，要克服铁在浸出过程中产生氢氧化铁胶体对工艺过程及液固分离的影响。

前已述及，浸出过程中，氧化锌矿中可溶铁和二氧化硅在酸性条件下按以下反应被溶解进入溶液：

$$ZnO \cdot SiO_2 + H_2SO_4 = ZnSO_4 + SiO_2 \cdot H_2O$$

$$Fe_2O_3 + 3H_2SO_4 = Fe_2(SO_4)_3 + 3H_2O$$

浸出过程中产生的硅酸是一种弱酸，且性能极不稳定，单体硅酸$Si(OH)_4$在不同的工艺条件下会形成不同形态的凝胶，若工艺条件不适当，往往会形成难以澄清、过滤性能极差的矿浆，使工艺流程根本无法进行。而浸出过程中产生的$Fe_2(SO_4)_3$在中性条件下会发生水解，水解产生的$Fe(OH)_3$也是一种胶体，湿法炼锌过程称其为铁胶，形成的胶体会影响矿浆的澄清、过滤性能。因此，氧化锌矿的直接酸浸其技术的核心就是控制适当的技术条件，设法克服硅胶和铁胶对工艺过程的影响，获得易于澄清、过滤的浸出矿浆。

经测定，硅胶的等电点在pH值为2~2.5的酸度区域，当pH值大于2时，$Si(OH)_4$开始聚合成［$Si(OH)_4$］$_m$，所以在pH值的酸度条件下硅胶颗粒带负电。而在溶液pH值不超过5.2时，产生的铁胶则带正电。这两种带有相反电荷的胶体由于静电引力作用而共同凝聚析出，这就是共沉淀法。由于静电的相互中和，使胶体的析出速度加快。当pH值为5.2~5.4时，达到硅胶和铁胶的等电点，胶体凝结最好，吸水程度最低。为了达到上述的控制目的，生产过程中一方面要控制好一定的原料配比（即硅铁比），使两种胶体产生的数量与荷电量大致相当。另一方面也可通过加入$Al_2(SO_4)_3$离解出带正电的铝离子来促使硅胶凝结析出。同时，在氧化锌矿酸性浸出的终点加入石灰乳快速中和，也能促使硅胶微粒的迅速凝结，获得易于澄清、过滤的矿浆。

依据硅胶、铁胶凝聚的特性，生产实践中可通过改变矿浆的pH值、温度、硅酸浓度以及添加一定量的晶种等多种措施来克服胶体析出给工艺流程运行带来的困难及影响。

（1）改变浸出矿浆的pH值是控制胶体凝聚过程最易于实现的办法，也是较为常用的办法。经测定，浸出矿浆的过滤速度（$m^3/(m^2 \cdot h)$）随溶液pH值的上升而提高，其定量关系式为：

$$过滤速度=5.62-2.99pH+0.42(pH)^2$$

生产实践中，应尽可能提高终点pH值，使过滤速度达到最大。但过高的pH将会造成锌离子水解沉淀，形成的碱式锌盐既造成锌金属的损失又堵塞滤布，引起过滤速度降低。实践表明，氧化锌矿的浸出与锌焙烧矿浸出相似，控制浸出终点酸度pH值为5.2~5.4是适宜的。在该酸度条件下，可将溶液中的硅、铁基本沉淀，同时除去砷、锑等杂质。

（2）硅酸浓度。在工艺控制的酸度条件下，硅酸的浓度越高，即过饱和程度越大，聚合、凝聚速度越快，更易形成难以澄清过滤的聚凝胶，而在较低浓度的硅酸条件下，则可阻碍细颗粒的胶粒形成，并促使较大颗粒的无定形二氧化硅长大。所以多种氧化锌矿直接酸浸工艺均以控制适当的硅酸浓度为技术关键，如瑞底诺法、老山法和连续脱硅法等。

（3）凝聚温度。控制适当的作业温度可保证氧化锌矿中硅酸锌或碳酸锌的溶解反应进行彻底，且在相对较高的温度条件下，形成的胶体吸水程度最低，凝聚形成的胶体荷电量少，过滤性能明显提高。例如，氧化锌浸出矿浆用石灰乳作中和剂，在低于50℃的温度条件下快速中和，即使终点pH值超过5.2~5.4，矿浆的过滤速度也不高；但当温度超过80℃后，浸出矿浆的过滤速度明显改善，即使在低温条件下产出的难以澄清、过滤的矿浆只要升高温度，其澄清、过滤也可顺利进行。

（4）预留晶种。氧化锌矿的浸出一般是在低酸条件下进行，研究与实践均表明，在控制浸出酸度pH值不超过3.5的条件下，硅酸锌与碳酸锌能够充分反应溶解，而在此酸度条件下，硅胶和铁胶也已大量析出，所以在氧化锌矿浸出时，硅酸的不断反应产生、形成的硅酸同时凝聚成胶体，这两个过程在矿浆体系中无疑是同步的。在此之前形成的胶体无疑起到了晶种的作用，可使新的SiO_2胶粒不断长大，以改善矿浆的固液分离性能。有的采用间断浸出工艺的湿法炼锌工厂将脱硅渣部分返回作为晶种，但若采用连续作业方式则不需另外添加晶种，这是因为浸出时矿浆体系中已含有大量凝聚形成的胶体的缘故。

硅胶与铁胶的凝聚除与上述条件有关外，还与中和剂、溶液中阳离子的种类及数量有关，除此之外，还可能受其他因素和条件影响。生产过程中，应根据氧化矿原料的特性采取有针对性的工艺控制条件，确保工艺流程的运行畅通、稳定。

3.4.3.10 高硅氧化锌矿直接酸浸原理

我国锌冶炼生产及科研人员一直从事高硅氧化锌矿直接酸浸实验研究。昆明某研究院参照澳大利亚某电锌公司发明的顺流连续浸出—中和絮凝法进行研究，其实质是加入细磨（粒度90%为0.044mm）的石灰石进行快速中和。用云南某铅锌矿和会泽异极矿做了不同规模的实验，并依据实验成果建设了一批以氧化矿为原料，规模为2000～5000t/a的电锌厂。氧化锌精矿的成分见表3-3。

表3-3 氧化锌精矿的成分（质量分数） （%）

成 分	Zn	SiO_2	CaO	MgO	Fe	As	Sb
质量分数	32.76	18.7	2.92	6.12	8.62	0.0068	0.06
成 分	Pb	S	Co	Cd	F	Cl	Cu
质量分数	1.44	0.09	0.0026	0.10	0.016	0.065	0.008

内蒙古某锌冶炼公司曾进行了在湿法炼锌中用氧化锌矿替代部分焙砂的工艺研究，该公司因锌原料供应较为紧缺，购进了大量价格低廉的朝鲜氧化锌矿（Zn的质量分数为40.48%，SiO_2的质量分数为3.77%），采用氧化锌矿作为中和剂，为氧化锌矿的湿法炼锌开辟了新的处理途径。

其粒度为：0.074～0.35mm的占54.72%，小于0.074mm的占45.28%。

各主要过程的生产技术为：

（1）中性浸出。始酸60～70g/L，终酸pH值5.2～5.4，反应温度65～75℃，反应时间1.0～1.5h。

（2）酸性浸出。始酸120～150g/L，终酸pH值3.0～3.5，反应温度75～85℃，反应时间3～4h。

（3）洗渣。洗渣的目的是降低渣中水溶锌含量，酸化pH值为4.0～4.5，洗渣温度70～80℃，搅拌时间1h。

3.4.3.11 浸出设备

A 浸出槽工作原理

立式机械搅拌罐是锌湿法冶炼浸出生产过程中应用最广泛的搅拌罐类型。这种设备可在常压和加压的情况下操作。这种中小型搅拌罐在国内已标准化，而且进行系列生产。

立式机械搅拌罐是由搅拌装置、罐体及搅拌附件3部分组成。结构如图3-21所示。

锌焙砂浸出大型搅拌罐的罐体多采用混凝土捣制外壳，内衬防腐材料，如环氧玻璃钢、耐酸瓷砖（或板）等。

B 固液分离设备工作原理

a 浓缩

浸出所得矿浆多以澄清或浓缩的方法分离固相与液相，它的实质是在液体介质中沉淀固体粒子。浓缩槽（见图 3-22）为圆锥形，槽体用钢筋混凝土并衬以铅皮等耐酸材料，槽底为锥形，形成漏斗。浓泥自锥底孔排出，浓缩槽装有一带有耙齿的十字臂组成的特殊机构，以搅拌沉落在槽底的粒子，以便把沉落的粒子移向中间。

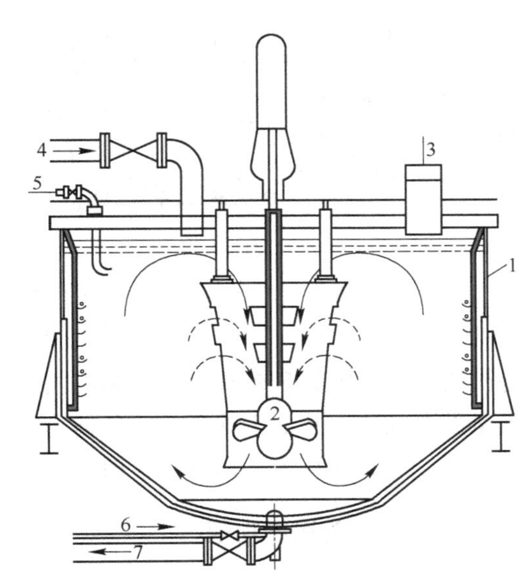

图 3-21 立式机械搅拌罐的结构
1—槽体；2—搅拌叶轮；3—进料管；4—进液管；5—蒸气管；6—压缩空气管；7—排料管

浸出所得矿浆送入淹在澄清液内的给料圆筒内，其底装有筛板，不致把澄清液搅混，澄清的上清液通过位于浓缩槽上部边缘的溢流槽放出。聚集于中间的浓泥用砂泵抽出，中性浸出后的浓泥送二次酸浸，上清液送净化，二次浸出的上清液送球磨机，浓泥送往过滤。

b 过滤

过滤是对浸出后的浓泥进行固液分离的一种方法，凡是矿浆悬浮物中，固体微粒不能在适当时间内以沉降法得到分离时多采用过滤法，它的目的是分离矿浆悬浮液中所含固体微粒，得到较清的溶液。

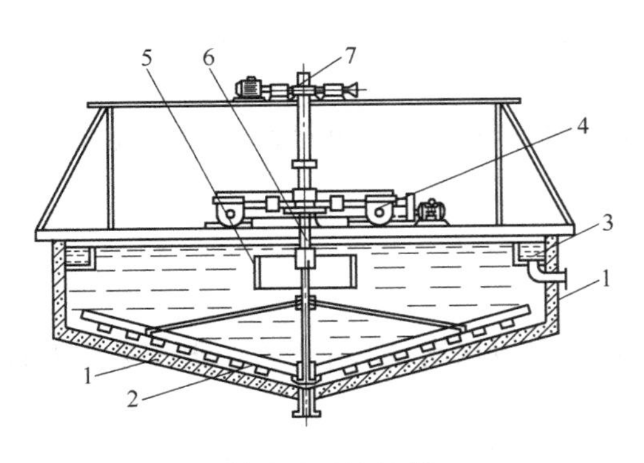

图 3-22 浓缩槽
1—槽体；2—耙臂；3—溢流沟；4—传动装置；5—缓冲圆筒；6—中心轴；7—提升装置

过滤的基本原理是利用具有毛细孔的物质作为介质，在介质两边造成压力差，产生一种推动力，使液体从细小孔道通过，而悬浮固体则截留在介质上。在湿法炼锌中常采用的过滤介质为白斜纹棉布或帆布和涤纶布。

根据过滤介质两边压力差产生的方式不同，过滤机分为压滤机（正压力）与真空过滤机（负压力）。在湿法炼锌中，目前主要使用的是压滤机。压滤机适用于过滤黏度大、固体颗粒细、固体含量较低、难过滤的悬浮液，也较适用于多品种、生产规格不同的场合。

箱式压滤机如图 3-23 所示。它以滤板的棱状表面向里凹的形式来代替滤框，这样在相邻的滤板间就形成了单独的滤箱。图 3-23（a）所示为打开情况，图 3-23（b）所示为滤饼压干的情况。

进料通道通常与板框式压滤机所采用的不同。滤箱通过在每个板中央的相当大的孔连通起来，而滤布用螺旋活接头固定，滤板上有孔。

为了压干滤饼，在每两个滤板中夹有可以膨胀的塑料袋（或可以膨胀的橡皮膜）。当过滤结束时，滤饼被可膨胀的塑料袋压榨而降低液体含量。

自动压滤机包括自动板框压滤机和自动箱式压滤机。它们最大的特点是既保留了板框

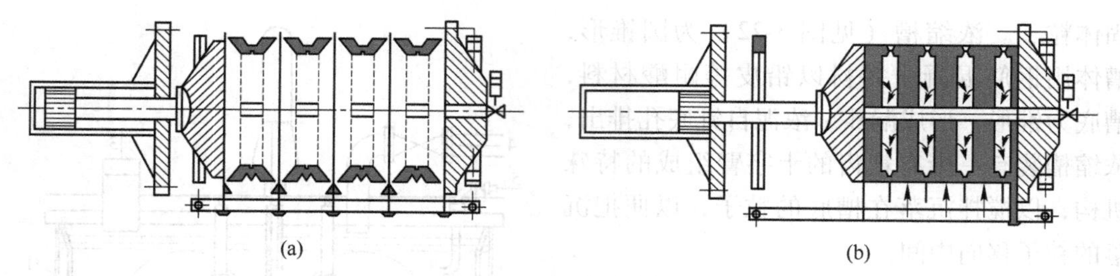

图 3-23 箱式压滤机

（a）打开的情况；（b）滤饼压干的情况

压滤机所具有的能处理各种复杂物料的特点，又借助于机械、电器、液压、气动实现操作过程全部自动化，从而消除了笨重的体力劳动，提高设备的生产能力。但结构复杂，更换滤布麻烦，滤布损耗大，需进一步改进。

3.4.4 浸出工序的操作规范

3.4.4.1 上矿岗位操作规程

上矿岗位操作规程主要是：

（1）绞笼下烟尘要均匀，当班烟尘当班放完，不得积压。

（2）开、停绞笼前，必须先通知浸出岗位上，以便其及时调整冲矿液酸度，确保中性浸出终点 pH 值的平稳控制。

（3）及时清理溜槽和条筛，做到畅通无阻，不得堵塞和冒液。清出的结块，当班送球磨岗位处理。

（4）交接班时要检查泵的运转情况，坏泵要及时通知维修人员检修，确保连续正常生产。

3.4.4.2 冷焙砂球磨岗位操作规程

冷焙砂球磨岗位操作规程主要是：

（1）开车前，先检查球磨机与泵，确认正常后，与浸出岗位联系开车。开车要先开球磨机后进液。

（2）开液进球磨机，调节好冲矿液流量，与冷焙砂圆盘岗位联系，均匀下料。

（3）及时清理溜槽和泵的中间槽筛网上的杂物，不得堵塞和冒液。

（4）每 3 天加球一次，每次加铁球 20 ~ 40 个。

（5）停车前，用冲矿液将球磨机内矿粉洗干净。

3.4.4.3 分级岗位操作规程

分级岗位操作规程主要是：

（1）使用分级机时，要勤检查各台进、出口矿浆流量，尽量做到分配均匀。无特殊情况，严禁开启事故溜槽。

（2）及时清理条筛，不得堵塞和冒液。

（3）交接班和班中要检查泵的运转情况，出现故障应及时处理或通知维修人员检修，确保正常连续生产。

（4）交接班和班中至少对沸腾炉排料口处溜槽进行4次巡回检查，每班清理4次以上，确保冲矿溜槽畅通无阻。

3.4.4.4 球磨岗位操作规程

球磨岗位操作规程主要是：

（1）每3天加球一次，视其情况每次加铁球20~40个，并做好原始记录。

（2）检查球磨效果，做到球磨后矿浆中粒度适中。

（3）注意球磨机和泵的运转情况，出现故障应及时处理，确保正常连续生产。

3.4.4.5 浸出岗位操作规程

浸出岗位操作规程主要是：

（1）加强与锰矿浆岗位联系，注意检查锰矿浆的浓度，确保锰矿浆连续均匀加入。

（2）氧化槽串联不少于一个，控制槽内酸度在10g/L以上，同时均匀加入锰矿浆，保证冲矿液含Fe^{2+}小于0.10g/L。当冲矿液含Fe^{2+}大于0.1g/L或中上清含铁呈红色时，向厂调度反映要求增加锰粉用量。

（3）每班在冲矿溜槽加废液后面10m处，取一次冲矿液样送分析测试中心，化验H^{+}、Fe^{2+}等成分。

（4）及时与上矿岗位联系，根据烟尘加入量，控制好冲矿溜槽废液加入量，中性浸出槽串联不少于5个，保证中性进口pH值不超过3.0，同时做到至少每10min检查一次各点pH值，及时调整废液加入量，确保最后一槽出口pH值为4.8~5.0。

（5）加强与浓缩槽岗位联系，根据中性浓缩上清质量，及时要求有关岗位调整工艺控制，确保中性上清液质量。

（6）及时增、减中性浸出加温管，使中性浸出温度达到65~75℃，酸性浸出温度达到70~85℃。

（7）加强与信号室岗位联系，保证废液供应充足，做到冲矿液、中性底流均衡、稳定。酸性浸出槽串联不少于4个，准确控制高酸槽酸度，班中滴酸3次，同时做到至少每30min检查一次各点pH值，确保酸性最后一槽出口pH值为2.0~3.0。

（8）交接班及班中要检查各槽搅拌机是否正常，溜槽及蒸汽加温管是否畅通、完好，发现问题应及时处理。

3.4.4.6 浓缩槽岗位操作规程

浓缩槽岗位操作规程主要是：

（1）浓缩开槽不少于2个，酸性浓缩开槽不少于3个。矿浆进口引入中心导流筒中，避免短路，保证澄清效果。及时调整好浓缩槽进、出口流量，严禁溶液淹工字钢或冒槽。

（2）经常检查和维护好浓密机，确保正常运转，在升降耙臂时，应慢慢提落中心轴，使蜗轮、蜗杆正常啮合。开车时得事先顺盘车，避免限位开关顶坏。

（3）每隔2h取中性浸出液分析砷，测定中、酸性上清液的pH值及中上清酸化pH值。每班交接班及班中，取中性上清液定性铁。每班将检查和化验结果及时通知浸出岗位。

（4）勤检查中性浓缩槽上清液的清、浑情况，并及时调整各槽进口、出口的流量和干粉三号剂加入量，做到各槽流量均匀，干粉三号剂不断流，做到中上清液清亮，发现变浑应及时处理。

（5）接班时酸性浓缩槽要测渣深，报信号室岗位一并做好原始记录。同时通知信号室岗位及时调整各槽底流的排出量，以防止浓缩槽堵死。

（6）平衡浓缩槽体积，特别是系统体积大时要采取措施，严禁冒液。

（7）如遇突然停电或者浓密机自动停转，开动时要先用手顺盘车一圈后再启动。如当耙臂升到最高限度，手盘不动时，要停止启动并停止进矿浆，继续打底流，若仍启不动，则作返液清槽处理。

3.4.5 浸出工序的安全文化

3.4.5.1 浸出工序的安全生产隐患

浸出工序的安全生产隐患主要是：

（1）浸出工序可能存在的主要危险源有机械碰撞及转动伤害、起重设备、电解槽、高处作业等。

（2）浸出工序可能导致事故发生的主要原因有设备设施缺陷、技术与工艺缺陷、防护装置缺陷、作业环境差、规章制度不完善和违章作业等。

（3）浸出工序可能造成事故的主要类别有机械伤害、起重伤害、淹溺、触电、噪声等。

（4）浸出工序可能发生安全生产隐患的主要因素有：

1）起重机械未设置过载限制器、防撞装置、轨道极限限位安全保护装置等安全装置，从而导致起重伤害事故。

2）起重机械用的钢丝绳断裂，吊物坠落引发的吊物伤人事故。

3）斜梯、操作平台未设置安全防护栏，可引发人员高处坠落事故。

4）电解生产中产生酸雾，工人未进行劳动防护，造成职业伤害。

5）槽面作业时，可能发生工人落入电解槽中，造成淹溺事故。

6）变压器、整流机组可能发生火灾、爆炸事故。

7）工人在电解车间不正确使用金属工具，可能造成槽间短路，造成触电事故。

3.4.5.2 浸出工序的安全生产预防措施

浸出工序的安全生产预防措施主要是：

（1）浸出车间严禁带电检修，更换电器设备和线路、电控检修时应悬挂“有人工作，严禁合闸”警示牌。

（2）在溶剂蒸汽浓度大于0.5%（体积分数）时，严禁打开防爆电器设备。

（3）经常巡查溶剂气体释放源（泵、管道阀门、法兰、进料口、水封池、尾气等）是否正常，如有异常应及时查明原因，尽快排除，恢复正常。

（4）浸出车间含溶剂物料取样化验应按规定进行，严禁打开含溶剂物料的设备或在密封口取样。

（5）设备运行中，操作工应经常注意检查以下情况：1）设备是否运行正常，传动部件是否有异声，传动轴承是否发热等；2）指标、仪表显示、电器设备等是否正常；3）进入车间物料和出车间成品是否合格；4）冷却水温度是否超过规定温度，根据情况调整凉水塔停机。

（6）有下列情况之一时，应采取紧急措施并停机，组织人员检查处理：1）突然停电时，应立即关闭蒸汽阀门并及时打开安全水管，继续供水；2）冷却水源和供热系统中断或严重不足时；3）溶剂油、混合油严重泄漏或车间溶剂蒸汽浓度过高时，溶剂损耗出现异常时；4）负载电流突然超过规定值或确定断相运行时；5）设备后部发生火花、高温、燃烧或溶剂蒸汽后部爆炸时；6）机械设备部件发生摩擦、产生异常响声或冒火时，机械设备出现严重故障或危及电器安全时；7）主要控制测量仪表、电器仪表失灵又无法及时调好时。

（7）在发生溶剂泄漏事故时，应及时用蒸汽冲洗设备、地面及死角处；溶剂及蒸汽溢入非防爆区时，要采取紧急措施，严禁在此区域内出现明火，严禁启动和关闭非防爆电器。

（8）检修设备需动明火时，含溶剂油的设备、容器、管道等的清洗步骤为：1）彻底清除设备、容器、管道内的物料和残渣并将其置于安全场所；2）切断、堵塞或封闭与溶剂库相连或相通的管道输送或其他接触点；3）向设备内送入蒸汽清洗残溶，蒸汽压力0.25～0.4MPa，通入时间要充足，以便把各部分的溶剂全部清除干净，待设备冷却后，再用蒸汽冲洗一遍；4）为了确保安全，在维修设备之前或任何一次点火焊接之前，必须使用溶剂蒸汽浓度检测仪进行检测，合格后在不小于4m的距离进行点火试验，确认安全可靠后，方可进行明火作业；5）设备更换或检修完毕恢复运行之前，应检查合格后由负责人签字准许后，方可开机运行。

3.4.5.3 浸出工序的职业卫生防护措施

浸出生产中，原料、添加剂及产品等职业危害较小，主要存在酸雾的防护。

浸出液有一定的温度，雾气逸出时带走电解液形成酸雾，危害人的健康，对车间的设备及天花板也有腐蚀作用。因此，要防止酸雾的形成，其车间酸雾防护措施为：

（1）向溶液中添加皂角或丝石竹根，在电解液表面形成稳固的泡沫层，这是防止酸雾形成的良好办法。

（2）加强车间通风，降低槽面酸雾浓度。

（3）正确佩戴和使用劳动防护用品。

3.4.5.4 浸出工序的安全生产操作规程

A 浸出岗位安全生产操作规程

浸出岗位安全生产操作规程是：

（1）开蒸汽、废液、硫酸阀门时，不能开得过猛，应缓慢开启，防止溅液伤人。

（2）下槽清理沉渣或杂物时，应由班长或车间派专人在槽外监护，护梯要牢靠、紧固。同时在搅拌机控制屏口悬挂“严禁合闸”警示牌。

（3）核对硫酸、废液高位槽内的液位时，应查看扶手、槽盖是否腐蚀，确认无误后方可攀登，同时注意防止滑跌。

（4）严禁用湿手启动电气设备。

（5）检修正在焊接管道设备时，操作工应在旁等候协作，防止漏电伤人。注意：装有流量计的管道在焊补前必须拆卸，待焊补好后按原位装上。

（6）打废液、硫酸时应与电解、硫酸岗位联系好，检查废液、硫酸阀门及管道是否完好，泵入后，注意看液位显示，岗位上监护，杜绝冒液伤人。

（7）在槽下放渣时，防止溅液伤人。

（8）清理设备卫生时，停机清理，严禁擦洗运行中的各种设备，杜绝用水冲洗电气设备。

B 机械搅拌机岗位安全生产操作规程

机械搅拌机岗位安全生产操作规程是：

（1）操作者应熟悉设备的性能和结构。

（2）开机前应检查各部件的连接螺栓是否有松动，安全防护罩是否紧固，减速机油位是否到规定值，否则应添加润滑剂，并定期加油。

（3）开机前搅拌桶内的液面不得低于1/3，否则严禁开机。

（4）一切正常后，开启润滑油泵，再启动搅拌机。

（5）搅拌机运行过程中，应经常对各运行部件、各润滑点进行检查，发现问题应及时处理。

（6）在工作中发现搅拌机有摆动现象时，应及时停机检查。

（7）停机应先停搅拌机再停油泵。

（8）交班时应清扫设备工作场地及设备卫生。

C 浓密机岗位安全生产操作规程

浓密机岗位安全生产操作规程是：

（1）当班操作者应熟悉设备性能和结构。

（2）开机前应检查各部件螺栓是否有松动现象，润滑是否完好，油路是否畅通，提升耙架至高位待一切正常方可开机，而后逐步下降耙架至工作高度。

（3）浓密机正常工作时，必须对各运动部位进行检查，发现问题及时处理，管道应保持畅通无阻，耙架运行稳定、均匀，润滑良好，轴泵油度不得超过65℃。

（4）浓密机运行时，给矿的浓度和流量应均匀，应有规则地测量给矿液固比。

（5）浓密机运行时，严禁滤布、木块、金属条或石块等杂物落入池中。

（6）浓密机超负荷运行时可引起严重的事故，应专人观察负荷指针，掌握工作负荷。

（7）停机前必须先停止给矿，排底流直至池底浓积泥排空后才能停机。

（8）紧急停机时，必须立即将耙子提升起来，并加大底流排放量。

（9）每班对竖柱轴上部轴承和蜗杆轴承加注一次钙基脂润滑油。

（10）每班工作结束后，清理场地及设备卫生。

（11）清理浓密机时，应先在车间安全员处登记，必须将梯子挂牢，切断电源。

D 箱式压滤机岗位安全生产操作规程

箱式压滤机岗位安全生产操作规程是：

（1）操作者应熟悉设备的性能原理。

（2）检查油缸上的电接点压力表是否调至保压范围（20MPa以内），设备零部件是否齐全可靠，滤板排列是否整齐，液压系统是否有漏油现象，一切正常，确认无误后，准备开机。

（3）压紧滤板。按动电源开关，按下压紧滤板“前进”按钮，高压油泵运转，压紧板向前移动至压紧位置，液压系统电接点压力表上限点闭合，高压油泵停止，此时可进行物料处理工序（进料）。在物料处理过程中，不得关闭电源开关，否则系统不进行自动补偿保压过程，压紧滤板压紧停止。

（4）卸渣。在物料处理工序运行结束后，按下“后退”滤板按钮，压紧板自动退回到与行程开关接触后，电动机自动停止，进行卸渣工作。在卸渣过程中应检查每一块滤布，确保不应有皱折，不重叠，发现滤布有破损时应更换。卸渣完成后，按以上过程再次进行压滤工作。

3.5 净化工序

3.5.1 净化工序的主要目的

3.5.1.1 净化工序的生产过程

水溶液中主体金属与杂质元素分离的过程称为水溶液的净化。湿法炼锌的净化，就是为了便于提取有价主体金属，在沉积前将某些对电积过程有害的浸出液中的杂质继续除去，以获得尽可能纯净的溶液。

3.5.1.2 净化工序的主要目的

净化工序主要达到两大目的：

（1）将锌浸出液中的铁、砷、锑、镉、钴等杂质除至规定限度以下。

（2）将镍浸出液中的铁、铜、钴等杂质除至规定的限度以下。

3.5.1.3 净化工序的预期效果

净化工序的预期效果是：

（1）富集某些有价稀有金属，简化后续提取过程。

（2）提高金属的综合回收利用。

3.5.2 净化工序的工艺流程

中性浸出上清液含有铜、镉、钴、镍等杂质，不能直接送入电解，因此必须除去这些杂质。同时，在净化过程中富集其他有价金属。其主要原理是利用活性较强锌金属将溶液中的Cu、Cd、Co、Ni的离子置换出来，并沉积在渣中。根据溶液中杂质活性的差异，即置换的难易，整个净化工序分成两段：除钴镍和除铜镉工序。在除钴镍工序中，为了加快反应速度，提高锌粉的利用率，将反应提高到80℃以上，同时添加锌粉活化剂——硫酸铜和锑白，其主要反应式为：

$$Co^{2+}+Zn \xrightarrow{\geq 80℃, CuSO_4, Sb_2O_3, 60min} Co\downarrow +Zn^{2+}$$

$$Ni^{2+}+Zn \xrightarrow{\geq 80℃, CuSO_4, Sb_2O_3, 60min} Ni\downarrow +Zn^{2+}$$

$$Cu^{2+}+Zn \xrightarrow{45 \sim 55℃, 50min} Cu\downarrow +Zn^{2+}$$

$$Cd^{2+}+Zn \xrightarrow{45 \sim 55℃, 50min} Cd\downarrow +Zn^{2+}$$

净化工序工艺流程如图3-24所示。锌焙砂或其他的含锌物料（如氧化锌烟尘、氧化锌原矿等）经过浸出后，锌进入溶液，而其他杂质（如Fe、As、Sb、Cu、Cd、Co、Ni、Ge等）也大量残存于溶液中，它们的存在将对下一工序——锌电解沉积过程带来极大危害：降低电解电流效率、增加电能消耗、影响阴极锌质量、腐蚀阴极和造成剥锌困难等。因此，必须通过溶液净化，将危害锌电积的所有杂质控制在允许的范围内，产出合格净化液后才能送至锌电解槽。

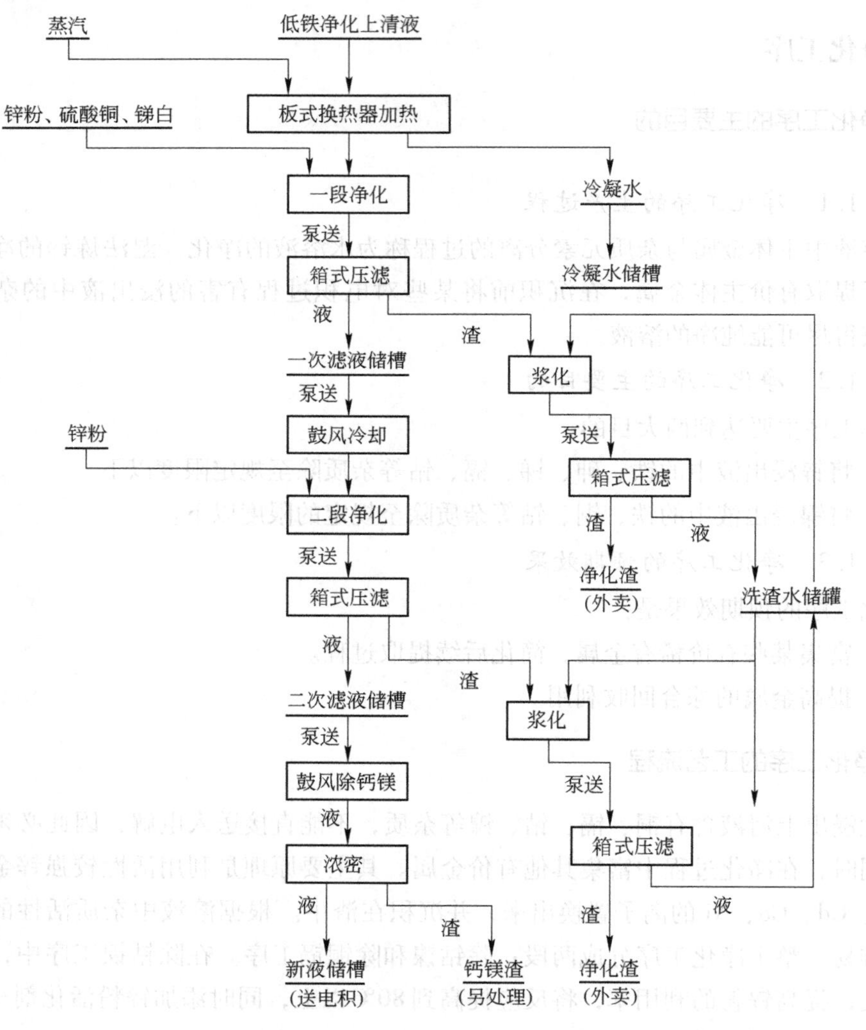

图3-24 净化工序工艺流程

在湿法炼锌工艺中，浸出液要经过3个净化过程：（1）中性浸出时控制溶液终点pH值，使某些能够发生水解的杂质元素从浸液中沉淀下来（中和水解法）；（2）酸性浸出时的除铁；（3）针对打入净化工序的中浸液除杂，使之符合电积锌的要求。在实际的生产中，这些过程并不全是在净化单元完成，如：杂质Fe、As、Sb、Si大部分在浸出过程除去，而Cu、Cd、Co、Ni、Ge等则在净化过程除去。

按照净化原理可将净化的方法分为两类：（1）加锌粉置换除铜、镉，或在有其他添加剂存在时，加锌粉置换除铜、镉的同时除镍、钴。根据添加剂成分的不同，该类方法又可分为锌粉-砷盐法、锌粉-锑盐法、合金锌粉法等净化方法；（2）加有机试剂形成难溶化合物除钴，如黄药净化法和α-亚硝基-β-萘酚净化法。各种净化方法的工艺过程概要见表3-4。

表3-4 各种硫酸锌溶液净化方法的典型流程

流程类别	第一段	第二段	第三段	第四段	工厂举例
锑盐净化法	加锌粉除Cu、Cd得Cu、Cd渣，送去提Cd并回收Cu	加锌粉和锑盐除钴得钴渣，送去回收Co	加锌粉除残Cd		西北铅锌厂、株洲冶炼厂
砷盐净化法	加锌粉和As_2O_3除Cu、Co、Ni得Cu渣，送去回收Cu	加锌粉除Cd得Cd渣，送去提Cd	加锌粉除复溶Cd得Cd渣，返第二段	再进行一次加锌粉除Cd	内蒙古赤峰冶炼厂
合金锌粉法	加Zn-Pb-Sb-Sn合金锌粉除Cu、Cd、Co	加锌粉除Cd			柳州锌品厂
β-萘酚法	加锌粉除Cu、Cd得Cu、Cd渣，送去提Cd并回收Cu	加锌粉除Cd、Mn得Cd渣，送去回收Cd	加α-亚硝基-β-萘酚除Co得Co渣，送去回收Co	加活性炭吸附有机物	云南祥云飞龙公司
黄药净化法	加锌粉除Cu、Cd得Cu、Cd渣，送去提Cd并回收Cu	加黄药除钴得钴渣，送去提钴			株洲冶炼厂

由于各厂中性浸出液的杂质成分与新液成分控制标准不同，所以各厂的净化方法也有所差别，且净化段的设置也不同。按净化段的设置不同，净化流程有二段、三段、四段之分。按净化的作业方式不同有间断、连续作业两种。间断作业由于操作与控制相对较易，可根据溶液成分的变化及时调整组织生产，为中、小型湿法炼锌厂广泛应用。连续作业的生产率较高，占地面积少，设备易于连续化、自动化，所以近年来发展较快，但该法操作与控制要求较高。

由于铜、镉的电位相对较正，其净化除杂相对容易，所以各工厂都在第一段优先将铜、镉除去。而钴、镍是浸出液中最难除去的杂质，各工厂净化工艺方法的差异（见表3-4）实质上就在于除钴方法的不同。

3.5.3 净化工序的生产原理

3.5.3.1 硫酸锌溶液除铁原理

硫酸锌溶液中杂质铁的净化可以分为中和水解法和添加剂沉铁法。在生产中，杂质铁的除去一般是放在“浸出”工序里。在完成酸对矿物原料的溶解之后，需要控制的第一个主要杂质往往是铁，因为其在浸出液中的含量相对高（例如炼锌原料为铁闪锌矿），且

Fe^{3+}容易通过控制 pH 值采用中和水解法除去。

A 中和水解法除铁

中和水解法是利用不同金属硫酸盐在水溶液中生成 $Me(OH)_n$ 沉淀的 pH 值不同，在保证溶液中主体金属离子不发生水解的条件下，用提高溶液 pH 值（改变溶液酸度）的方法，使某些金属杂质水解生成 $Me(OH)_n$ 沉淀而除去的方法。

这一过程基本是在中性浸出中完成的，即控制浸出终点 pH 值在 5.2～5.4 之间，使锌离子不发生水解，而绝大部分铁离子以氢氧化物 $Fe(OH)_3$ 形式析出，从而达到除铁的目的。

在溶液中金属离子水解按下式进行：

$$Me^{n+}+nH_2O \rightleftharpoons Me(OH)_n+nH^+$$

这是只有氢离子而无电子参与的反应，即反应如何进行只与溶液的 pH 值、活度有关，与电位无关，反应的平衡条件是：

$$pH=pH^{\ominus}-\frac{1}{n}\lg a_{Me^{n+}}$$

当溶液的 pH 值大于平衡 pH 值时，反应正向进行，金属离子水解沉淀，反之则逆向进行，$Me(OH)_n$ 溶解。

由于在酸浸过程中，预提取金属锌和杂质金属均以各种形态进入到溶液中，那么这些金属离子与它们的氢氧化物之间也存在着一定的酸碱平衡关系。

在硫酸锌溶液中，物质的稳定性除了与溶液 pH 值有关，还与离子的电极电位有关，即会发生氧化还原反应，如同类离子高价态和低价态的转化（$Fe^{2+}\rightleftharpoons Fe^{3+}$），因此，通常采用电位-pH 图来研究影响物质在水溶液中稳定性的因素，为制取所需要的产品创造合适的条件。

锌浸出液中，存在有不同的 Me-H_2O 系电位-pH 值，现以 Zn-H_2O 系的电位-pH 值图为例，如图 3-25 所示。图中各线所示的反应如下：

①线：$Zn^{2+}+2e = Zn$

通式：$Me^{n+}+ne = Me \quad \varphi=\varphi^0+\frac{1}{n}0.06\lg[Me^{n+}]$

②线：$Zn^{2+}+2H_2O = Zn(OH)_2+2H^+$

通式：$Me^{n+}+nH_2O = Me(OH)_n+nH^+$

$$pH=pH^{\ominus}-\frac{1}{n}\lg[Me^{n+}]$$

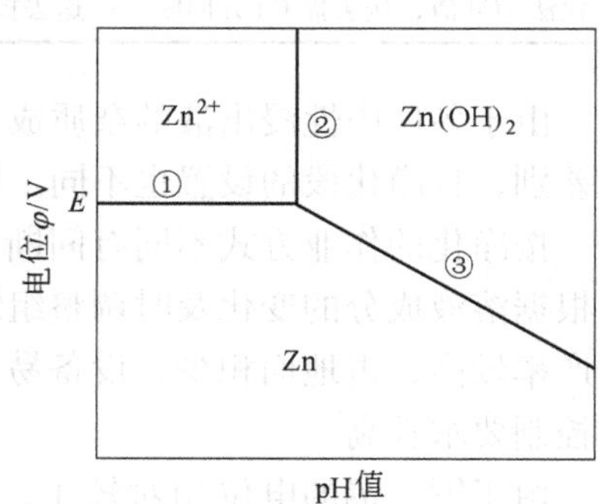

图 3-25 Zn-H_2O 系的电位-pH 值图

③线：$Zn(OH)_2+2H^++2e = Zn+2H_2O$

通式：$Me(OH)_n+nH^++ne = nH_2O+Me \qquad \varphi=\varphi^0-0.06pH$

由图 3-25 可知，①、②、③线将整个 Zn-H_2O 系划分为 Zn^{2+}、$Zn(OH)_2$、Zn 三个区域，而这三个区域也就构成了湿法冶金的浸出、净化、电积所要求的稳定区。

（1）浸出过程：创造条件使主体金属进入 Me^{n+} 区，对于 ZnO 就需要增加酸度，使溶液酸度过②线进入 Zn^{2+} 区。

（2）水解净化：调节溶液的 pH 值，使主体金属不水解，而杂质金属离子因 pH 值超过②线呈 $Me(OH)_n$ 沉淀析出。

（3）电积过程：创造条件使主体金属离子 Me^{n+} 转入 Me 区，如 Zn^{2+} 就是借助在电积上施加电位，使 Zn^{2+} 通过①线还原成 Zn。

通过以上分析，若要除去浸出液中的杂质，就必须使杂质的②线在 Zn②线的左边，即 $pH_{Me_m(OH)_n} < pH_{Zn(OH)_2}$，否则杂质与 $Zn(OH)_2$ 两者将同时析出，达不到除杂质的目的。在生成实践中，浸出后的锌浓度一般为 110～140g/L，据 $pH = 5.5 - \frac{1}{2}\lg[Zn^{2+}]$ 计算，pH = 5.4～5.6，所以浸出终了时的 pH 值所能允许的最大值不得超过 5.4～5.6。

同样，如果把体系中所有 $Me\text{-}H_2$ 的电位-pH 图绘制并叠合在一起，就能够得到采用中和水解法除杂的条件和应采取的必要措施，如图 3-26 所示。

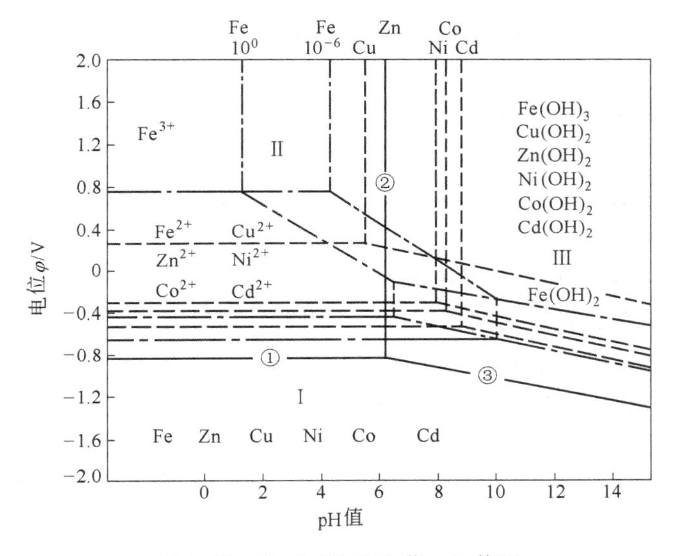

图 3-26 硫酸锌溶液电位-pH 值图

根据生产实践中杂质的含量计算，知 Cu^{2+}、Ni^{2+}、Co^{2+}、Cd^{2+}、Fe^{2+} 的平衡 pH 值分别为 5.9、8.13、8.15、8.54、8.37，所以，这些杂质都不能水解除去。

而 Fe^{3+} 的 pH 值为 3.5，可以水解除去，那么，是否可以通过让 $Me^{n+} \rightarrow Me^{m+}$（其中 $m > n$），再水解除去呢？Cu^{2+}、Cd^{2+} 已不能再氧化，无法实现。Ni^{2+}、Co^{2+} 虽能再氧化成 Ni^{3+}、Co^{3+}，但经计算知，$pH_{Ni(OH)_3} > pH_{Zn(OH)_2}$ 同样不能除去，尽管 $pH_{Co(OH)_3} < pH_{Zn(OH)_2}$，但在湿法炼锌的条件下，所用氧化剂（$H_2O_2$、$MnO_2$、$KMnO_4$、$O_2$）都不能将其氧化，因而也无法实现，只有 Fe^{2+} 能被这些氧化剂氧化成 Fe^{3+}，因而水解法只能沉铁，而不能除 Cu、Cd、Ni、Co。因 H_2O_2、MnO_4^{2-} 造价高，而 O_2 的氧化速度慢，因此，工厂广泛采用 MnO_2（软锰矿）作为氧化剂进行 Fe^{2+} 的氧化。

$$MnO_2 + 2Fe^{2+} + 4H^+ \xlongequal{\quad} Mn^{2+} + 2Fe^{3+} + 2H_2O$$

$$\varphi = 0.46 - 0.12pH + 0.03\lg(\alpha_{Fe^{2+}}/\alpha_{Fe^{3+}} \cdot \alpha_{Mn^{2+}})$$

当 pH 值下降时，φ 升高，$Fe^{2+} \rightarrow Fe^{3+}$ 的氧化趋势大，过程易在偏酸性溶液中进行。

浸出过程的除铁仍然在浸出槽中进行，将废电解液及氧化剂（软锰矿、锰矿浆）混合后制成氧化液用于冲矿，浆液经过分级后送入中性浸出。根据上述除铁基础，铁的除去主要是溶液pH值的控制，因此，在生产上终点pH值的测定是一个重要操作。

过去浸出终点pH值的控制是通过操作人员用试纸或者pH计测定，然后调整浸出过程的加酸量来达到控制终点pH值的目的。随着自动化水平的提高，浸出终点pH值的控制可以通过pH自动控制系统来实现。浸出过程的各个浸出槽出口的pH值设定后，自动系统可根据设定的pH值信号自动调整酸的加入量，使浸出终点达到设定的pH值。

在浸出液的实际除铁过程，溶液中加入固体氧化剂二氧化锰和中和剂石灰石颗粒，这些固体颗粒为$Fe(OH)_3$的沉淀提供了核心，从而明显降低了$Fe(OH)_3$的成核临近半径，有利于$Fe(OH)_3$的生成。

在$Fe(OH)_3$沉淀过程中，溶液中Fe^{2+}和Fe^{3+}的氧化中和沉淀的动力学步骤为：

（1）氧化剂氧化Fe^{2+}为Fe^{3+}，$Fe^{2+}-e = Fe^{3+}$。

（2）氧化产出的通过扩散层扩散到沉淀的$Fe(OH)_3$固体表面。扩散过程基本上符合稳态扩散过程，扩散速度$v=DA\delta_c/\delta_d$，扩散系数D、扩散面积A和扩散的浓度差δ_c是一定的，扩散距离δ_d随着搅拌强度的增加而减小，增加搅拌强度可以加快Fe^{3+}扩散的速度。

（3）Fe^{3+}水解反应，$Fe^{3+}+3H_2O = Fe(OH)_3+3H^+$。水解产生的$Fe(OH)_3$微颗粒是不稳定的。

（4）$Fe(OH)_3$微颗粒在固体$Fe(OH)_3$颗粒或其他颗粒表面上沉积。由于是$Fe(OH)_3$胶体颗粒，本身带电荷，颗粒之间相互排斥，团聚过程时微颗粒间必然使一定量的溶液被包裹，造成渣中这些溶液无法被洗涤出来，锌损失增大。因此，在沉淀$Fe(OH)_3$时应尽可能控制在其等电点的pH值附近，使$Fe(OH)_3$颗粒不带电荷，颗粒之间没有排斥力，相互结合紧密，从而减少夹带溶液的数量，减少锌的损失。这就是要求先中和后氧化。中和过程加入的中和剂也可以增加$Fe(OH)_3$沉淀时的晶核颗粒数，有利于$Fe(OH)_3$的沉淀和团聚。

为了减少$Fe(OH)_3$团聚时夹带溶液数量，$Fe(OH)_3$沉淀速度不能太快，也就是氧化的速度不能快，因此，选择氧化能力相对弱的氧化剂有利于降低锌的损失。

（5）水解产出的H^+从固体的$Fe(OH)_3$颗粒表面扩散到溶液本体中。如果H^+不能从水解表面扩散到溶液，将使沉淀的$Fe(OH)_3$溶解，造成$Fe(OH)_3$颗粒不稳定。

上述不同的步骤因为不同的沉淀条件特别是溶液pH值不同，都有可能成为除铁的速度控制步骤。

Fe^{2+}氧化为Fe^{3+}的过程实际也是一个复杂的过程，其中包括溶液中Fe^{2+}、H^+向固体氧化剂二氧化锰表面扩散、二氧化锰氧化Fe^{2+}：

$$Fe^{2+}+MnO_2+4H^+ = 2Fe^{3+}+Mn^{2+}+2H_2O$$

氧化产物Fe^{3+}、Mn^{2+}和H_2O扩散离开二氧化锰表面到溶液本体中。

在上述过程中，1mol的Fe^{2+}氧化和水解实际上只使溶液中增加1mol的H^+，为了中和这些多余的游离酸，需要加入石灰石，其反应式为：

$$H_2SO_4+CaCO_3+4H_2O = CaSO_4\cdot 5H_2O\downarrow +CO_2\uparrow$$

形成的石膏沉淀在石灰石表面，也影响石灰石与硫酸的反应。在这个过程中也存在硫酸往石灰石表面扩散、硫酸与石灰石反应、石膏沉淀产物形成和CO_2扩散离开反应界面并逸出溶液的过程。

如果氧化剂和中和剂同时加入溶液中进行氧化中和除铁时，上述所有过程反应处于共平衡中。这也给速度控制步骤的确定带来困难。

B 其他除铁原理

a 黄钾铁矾法

黄钾铁矾法是采用最多除铁的方法。为了溶解中浸渣中的 $ZnO \cdot Fe_2O_3$，将中浸渣加入到起始 H_2SO_4 浓度大于 100g/L 的溶液中，在 85～95℃下经几小时浸出。浸出后的热酸液 H_2SO_4 浓度大于 20～25g/L，通过焙砂调整 pH 值为 1.1～1.5，再将生成黄钾铁矾所必需的一价阳离子加入，在 90～100℃下迅速生成铁矾沉淀，而残留在锌溶液中的铁仅为1～30g/L。沉淀物为结晶态，易于沉降、过滤和洗涤。黄钾铁矾法沉铁反应式为：

$$3Fe_2(SO_4)_3+2(A)OH+10H_2O = 2(A)Fe_3(SO_4)_2(OH)_6+5H_2SO_4$$

式中，A 代表 K^+、Na^+、NH_4^+等碱离子。实践证明，一价离子的加入量必须满足分子式 $(A)Fe_3(SO_4)_2(OH)_6$ 所规定的摩尔比，这就是说，A：Fe 必须达到 1：3（摩尔比）方能取得较好的除铁效果。如果进一步增加一价离子的加入量，例如 A：Fe 达到2：3 或 1：1（摩尔比），则所获得的效果并不明显。

为了尽可能地降低溶液的铁含量，必须使黄钾铁矾的析出过程在较低酸度下进行。工业上高温高酸浸出时的终点酸度很高，一般达到 30～60g/L，因此，在高温高酸浸出之后，专门设置了一个预中和工序，使溶液的酸度从 30～60g/L 下降到 10g/L 左右，然后再加锌焙砂控制沉铁过程 pH 值为 1.5 左右。黄钾铁矾析出过程本身也是一个排酸过程，随着黄钾铁矾的析出，溶液酸度将不断升高，在沉铁的过程中要不断加入中和剂，以保持溶液适当的酸度。

我国西北某铅锌冶炼厂年产电锌 10^5t，就是采用热酸浸出—黄钾铁矾法沉铁工艺。

b 针铁矿法

针铁矿（FeOOH）是一种很稳定的晶体化合物。如果从含 Fe^{3+}浓度很高的浸出液中直接进行中和水解，则只能得到胶体氢氧化铁 $Fe(OH)_3$，这将很难澄清过滤。只有在低酸度和低 Fe^{3+}浓度条件下，才能析出结晶状态的针铁矿。因此，采用针铁矿法沉铁，首先必须将溶液中的 Fe^{3+}还原为 Fe^{2+}（生产上用 ZnS 作还原剂），然后再用锌焙砂将其中和到 pH 值为 4.5～5，之后利用空气进行氧化。针铁矿法的总反应式为：

$$Fe_2(SO_4)_3+ZnS+\frac{1}{2}O_2+3H_2O = Fe_2O_3 \cdot H_2O+ZnSO_4+2H_2SO_4+S^0$$

式中，$Fe_2O_3 \cdot H_2O$(FeOOH)是针铁矿。针铁矿法的沉淀条件是：95℃，pH 值为 4～5，加入晶种也可以加快析出速率。

针铁矿沉铁有两种实施途径：

（1）V.M 法。把含 Fe^{3+}的浓溶液用过量 15%～20% 的锌精矿在 85～90℃下还原成 Fe^{2+}状态，其还原率达 90% 以上，随后在 80～90℃以及相应的 Fe^{2+}状态下中和到 pH 值为 2～3.5 时被空气缓慢氧化。

（2）E.Z 法（又称稀释法）。将浓的 Fe^{3+}溶液与中和剂一起加入到加热的沉铁槽中，其加入速度等于针铁矿沉铁速度，所以溶液中 Fe^{3+}浓度低，得到的铁渣组成为：Fe_2O_3；$0.64H_2O$；$0.2SO_3$。

我国江苏的某冶金研究所与温州的某冶炼厂研究了喷淋除铁工艺，其原理也就是 E.Z 针铁矿法。

c 赤铁矿法

在高温（185～200℃）条件下，当硫酸浓度不高时，溶液中的 Fe^{3+} 便会发生如下水解反应而得到结晶 Fe_2O_3：

$$Fe_2(SO_4)_3+3H_2O = Fe_2O_3+3H_2SO_4$$

若溶液中的铁呈 Fe^{2+} 形态，应使其氧化为 Fe^{3+}。

采用赤铁矿法沉铁，需在高温高压条件下进行。如日本饭岛电锌厂采用赤铁矿法，沉铁过程在衬钛的高压釜中进行，操作条件是：温度为200℃，压力为1.7652～1.9613MPa，停留时间为34h。沉铁率达到90%，得到的铁渣中 Fe 的质量分数为58%～60%，是容易处理的炼铁原料。

3.5.3.2 共沉淀法除砷、锑原理

锌焙砂中性浸出时，产生的 $Fe(OH)_3$ 就是一种胶体。当 $Fe(OH)_3$ 胶粒在浸出矿浆中形成时，可以优先吸附溶解在溶液中的砷、锑离子，使得 $Fe(OH)_3$ 在沉淀的过程中吸附砷、锑共沉淀。中性浸出液控制到 pH 值为5.2时，加入凝聚剂（絮凝剂），可以加速胶体的凝聚和沉降，满足工业生产的需要。它是各种湿法冶金中净化除去溶液中砷和锑常用的方法之一。

砷、锑除去主要取决于絮凝剂的选择及使用。砷、锑与铁共沉淀的实践表明，砷、锑除去的完全程度主要取决于溶液中的铁含量。铁含量越高，砷、锑除去得越完全。一般要求溶液中的铁含量约为砷、锑含量的10～20倍。目前，在锌湿法冶金中常用的凝聚剂是聚丙烯酰胺（三号凝聚剂），它呈白色粉末状。

在选择凝聚剂时，除了考虑它能加速沉降效果外，还必须考虑对整个湿法冶金特别是对电解过程有没有危害。

由于胶体有很大的吸附性，胶粒除了吸附荷电离子而使其本身带电、促使其稳定、难以凝聚成大粒沉降下来外，还能选择性地吸附电解质溶液中的一些有害杂质。这种吸附作用可以被用在生产上净化除去溶液中的杂质。例如，锌焙砂中性浸出时，当 $Fe(OH)_3$ 胶粒在浸出矿浆中形成时，可以优先吸附溶解在溶液中的砷和锑离子，中和到 pH 值为5.2时，加入三号凝聚剂，当 $Fe(OH)_3$ 胶粒凝聚沉降时，便把原先吸附的砷、锑凝聚在一起共同沉降，达到净化除去砷、锑的目的。三号凝聚剂一般只在中性浓缩槽中加入。

凝聚剂有3种选择：

（1）当溶液澄清不好而过滤较好时，可适当多加入三号凝聚剂。

（2）当溶液澄清好而过滤较差时，可适当加入牛胶。

（3）当溶液澄清和过滤性能都较差时，就要适当增加三号凝聚剂和牛胶水的加入量。

三号凝聚剂的使用应注意三点：

（1）溶化时温度不能太高，始终维持在40～50℃为宜，否则会分解成 H_2O 和 CO_2。

（2）加入量不能太大，以20～30mg/L为宜，否则作用不大或起副作用。

（3）加温溶化时不能剧烈搅拌，否则主碳链被打断，凝聚效果差。

凝聚剂的配制应注意两点：

（1）在配制槽内加入水，待水淹过搅拌器后开启搅拌并开启蒸汽加温，待水温至40～45℃，缓慢加入三号絮凝剂，待溶解后方可使用。

（2）搅拌速度控制在100～300r/min为宜。搅拌速度太慢容易使聚合物颗粒在水中下沉、结团；速度太快会造成聚合物降解。

絮凝剂的加入量是根据悬浮液的澄清情况和悬浮液的沉降速度来调整的。为了快速了解絮凝剂对悬浮液的絮凝效果，可以通过沉降实验来观察和判断。

3.5.3.3 硫酸锌溶液除铜、镉、钴、镍原理

A 置换沉淀法除杂原理

将较负电性的金属加入到较正电性金属的盐溶液中，则较负电性的金属将自溶液中取代出较正电性的金属，而本身则进入溶液。例如，将锌粉加入到含有硫酸铜的溶液中，便会有铜沉淀析出而锌则进入溶液中：

$$Cu^{2+}+Zn = Cu+Zn^{2+}$$

同样的，用铁可以取代溶液中的铜，用锌可以取代溶液中的镉和金：

$$Cu^{2+}+Fe = Cu+Fe^{2+}$$

$$Cd^{2+}+Zn = Cd+Zn^{2+}$$

$$2Au(CN)_2^-+Zn = Zn(CN)_4^{2-}+2Au$$

B 置换沉淀的应用

a 用主体金属除去浸出液中的较正电性金属

如硫酸锌中性浸出液用锌粉置换脱铜、镉、钴和镍；镍钴溶液中用镍粉或钴粉置换脱铜。

在锌湿法冶金中，广泛使用锌粉置换除去中性浸出液中的铜、镉、钴和镍。该法除铜比较容易，当使用量为铜量的1.2～1.5倍的锌粉时，就能将铜彻底除尽。但除镉较困难，除钴和镍更困难。

用锌粉置换镉时，若提高温度，虽可提高反应速度，但由于氢的析出电位随温度升高而降低，在置换的同时析出的氢也增多，因此，一般除镉采用低温操作（40～60℃），并使用2～3倍当量的锌粉。

从热力学分析，钴和镍比镉正电性，用锌粉置换钴和镍好像应比镉容易，而实际上却较难，这是因为钴和镍具有很高的金属析出超电位的缘故。在生产上需要通过采取其他的措施才能将钴从溶液中置换沉淀出来。

离子的析出电位随离子活度和温度而变，锌和钴的离子析出电位随温度和离子活度变化的情况见表3-5。

表3-5 温度和离子活度对析出电位 $\varphi_{析}$ 的影响

电 极	离子活度	析出电位 $\varphi_{析}$/V		
		25℃	50℃	75℃
Zn^{2+}/Zn	2.9	-0.769	-0.750	-0.730
	1.53	-0.800	-0.784	-0.747
Co^{2+}/Co	0.5	-0.510	-0.420	-0.346
	3.4×10^{-4}	<-0.75	-0.58～-0.52	-0.45～-0.4

从表 3-5 中可以看出，温度升高，锌和钴的析出电位均往正的方向偏移，但后者偏移的幅度大，两者的差值增大。所以，为了有利于锌对钴的置换，作业温度要提高到 80 ~ 90℃；离子活度降低，锌和钴的析出电位均往负的方向偏移，但两者的差值逐渐缩小，这就是加锌置换钴为何难以彻底的另一个原因。

研究表明，使用含锑的合金锌粉具有更大的活性，即 Co^{2+} 在锑上沉积的电位比在锌上沉积正得多，因而有利于锌对钴的置换。

b 用置换沉淀法从浸出液中提取金属

对含铜 0.5 ~ 15g/L 的硫酸铜水溶液，以铁屑作沉淀剂置换提铜，反应式为：

$$Fe+Cu^{2+} = Cu+Fe^{2+}$$

溶液的 pH 值控制在 2 左右，若酸度过大，则铁屑会白白消耗在氢的析出上，即：

$$2H^{+}+Fe = Fe^{2+}+H_2$$

酸度过小，则会导致铁的碱式盐和氢氧化物的共同沉淀，降低铜的品位。

溶液中的 Fe^{3+} 是有害杂质，同样会增加铁的消耗量。

$$2Fe^{3+}+Fe = 3Fe^{2+}$$

为了消除 Fe^{3+}，可用磁黄铁矿或 SO_2 还原，其反应式为：

$$31Fe_2(SO_4)_3+Fe_7S_8+32H_2O = 69FeSO_4+32H_2SO_4$$

$$Fe_2(SO_4)_3+SO_2+2H_2O = 2FeSO_4+2H_2SO_4$$

沉淀下来的铜经专门处理成为纯铜，净化后液需回收其中的铁。

C 置换沉淀法除铜、镉、钴、镍的基本化学反应

由于锌的标准电位较负，即锌的金属活性较强，它能够从硫酸锌溶液中置换除去大部分较正电性的金属杂质，且由于置换反应的产物 Zn^{2+} 进入溶液而不会造成二次污染，所以所有湿法炼锌工厂都选择锌粉作为置换剂。金属锌粉被加入到硫酸锌溶液中便会与较正电性的金属离子如 Cu^{2+}、Cd^{2+} 等发生置换反应。

几种金属的电极反应式及其氧化还原电极电位为：

$$Zn^{2+}+2e = Zn \qquad \varphi^{\ominus}_{Zn^{2+}/Zn} = -0.763V$$

$$Cu^{2+}+2e = Cu \qquad \varphi^{\ominus}_{Cu^{2+}/Cu} = +0.337V$$

$$Cd^{2+}+2e = Cd \qquad \varphi^{\ominus}_{Cd^{2+}/Cd} = -0.403V$$

$$Co^{2+}+2e = Co \qquad \varphi^{\ominus}_{Co^{2+}/Co} = -0.277V$$

$$Ni^{2+}+2e = Ni \qquad \varphi^{\ominus}_{Ni^{2+}/Ni} = -0.250V$$

锌粉置换法的反应式为：

$$Zn+Cu^{2+} = Zn^{2+}+Cu\downarrow$$

$$Zn+Cd^{2+} = Zn^{2+}+Cd\downarrow$$

$$Zn+Co^{2+} = Zn^{2+}+Co\downarrow$$

$$Zn+Ni^{2+} = Zn^{2+}+Ni\downarrow$$

从以上反应可以看出，Cu、Cd、Co、Ni 四种金属的标准电极电位都较锌为正，但由于铜的电位较锌的电位正得多，所以 Cu^{2+} 能比 Cd^{2+}、Co^{2+}、Ni^{2+} 更容易被置换出来。在生产实践中，如果净化液中其他杂质成分能满足电积要求，那么 Cu^{2+} 则完全能够达到新液标准。

3.5.3.4 影响置换过程的因素

由于铜、镉较易除去，大多数工厂都在同一段将铜、镉同时除去，该置换过程受以下几个方面的影响：

（1）锌粉质量。置换除 Cu、Cd 应当选用较为纯净的锌粉，除了可避免带入新的杂质外，同时减少锌粉的用量。由于置换反应是液相与固相之间的反应，所以反应速度主要取决于锌粉的比表面积，因此，锌粉的表面积越大，溶液中杂质成分与金属锌粉接触的机会就越多，反应速度越快。但是，过细的锌粉容易漂浮在溶液表面，也不利于置换反应的进行。由于净化用锌粉在制备、储藏等过程中均不可避免地有部分表面氧化，使锌粉的置换能力大大降低，所以有的工厂在净化时首先用废液将净化前液酸化，使锌粉表面的 ZnO 与硫酸发生反应，使锌粉呈现新鲜的金属表面，以提高锌粉的置换反应能力。应当指出，溶液酸化必须适当，酸度过低则难以达到目的，酸度过高则会增加锌粉耗量，一般工厂控制酸化 pH 值为 3.5 ~4.0。

如果采用一次加锌粉同时除 Cu 和 Cd，一般要求锌粉的粒度小于 0.149mm。但有的工厂由于浸出液含铜较高，所以采用两段分别除铜和镉。例如比利时巴伦电锌厂，当溶液含铜超过 400mg/L 时，首先加粗锌粉沉铜。飞龙实业有限责任公司当溶液含铜超过 500mg/L 时，加入粗锌粉将铜首先沉积下来，产出海绵铜后再将溶液送至除镉工段。在单设的除镉工序则可选用粒度相对较粗的锌粉。

（2）搅拌速度。由于置换反应是液相与固相之间的反应，提高搅拌速度有利于增加溶液中 Cu^{2+} 和 Cd^{2+} 与锌粉相互接触的机会，另外，搅拌还能促使已沉积在锌粉表面的沉积物脱落，暴露出锌粉的新鲜表面，有利于反应的进行。同时，加强搅拌更有利于被置换离子向锌粉表面扩散，从而达到降低锌粉单耗的目的。但搅拌强度过高对反应速度的提高并无明显改善，反而增加了能耗，造成净化成本上升，因此，选择适宜的搅拌强度是很重要的。为了强化生产，有的工厂在净化除铜、镉时采用流态化净液槽。

锌粉置换除铜、镉时的搅拌方式应该采用机械搅拌，若采用空气搅拌则会使锌粉表面氧化而出现钝化现象，另外，空气中的氧会使已置换析出的铜、镉发生复溶。

（3）温度。提高温度可以提高置换过程的反应速度与反应进行的完全程度，但提高温度也会增加锌粉的溶解以及已沉淀析出的镉的复溶。所以加锌粉置换除 Cu、Cd 应控制适当的反应温度，一般为 60℃左右。

研究表明，镉在 40 ~45℃之间存在同素异形体的转变点，温度过高会促使镉复溶，其实验结果见表 3-6。

表 3-6 温度升高对镉二价离子复溶进入溶液量的影响

温度/℃	60	61	62	63	65	66	67
Cd^{2+} 浓度/mg · L^{-1}	4	4.5	5	6	9	11	13

（4）浸出液的成分。浸出液含锌浓度、酸度与杂质含量及固体悬浮物等，均影响置换反应的进行。浸出液含锌浓度较低则有利于置换过程中锌粉表面 Zn^{2+} 向外扩散，但浓度过低则有利于氢气的析出，从而增大锌粉消耗量。所以生产实践一般控制浸出液锌含量在 150 ~180g/L 为宜。

溶液酸度越高则越有利于氢气的析出，从而产生无益的锌粉损耗，并促使镉的复溶。生产实践中，为使净化溶液残余的 Cu、Cd 达到净化要求，需维持溶液的 pH 值在 3.5 以上。

(5) 副反应的发生。尽管在浸出过程中已将大部分的 As、Sb 通过共沉淀的方法除去，但仍有一定量的 As、Sb 存在于浸出液中，置换过程中尤其在酸度较高的情况下，将发生如下的反应：

$$As+3H^{+}+3e \longrightarrow AsH_3\uparrow$$

$$Sb+3H^{+}+3e \longrightarrow SbH_3\uparrow$$

在实际溶液 pH 值条件下，不可避免地产生剧毒的 AsH_3 和 SbH_3 气体（后者很不稳定，在锌电积条件下 SbH_3 容易分解），因此，应在浸出段尽可能将砷、锑完全除去。另外，在生产中应加强工作场地的通风换气，确保生产安全。

3.5.3.5 镉复溶及避免镉复溶的措施

镉的复溶与温度有很大的关系，所以需控制适宜的操作温度。另外，生产实践表明，镉的复溶还与时间、渣量以及溶液成分等因素有关。其中，铜镉渣与溶液的接触时间长短对镉的复溶影响较大，净化后液中 Cd^{2+} 的浓度与尚未液固分离的铜镉渣的接触时间的关系见表 3-7。

表 3-7 尚未液固分离的铜镉渣的存放时间对镉复溶量的影响

时间/h	0	1	2	3	4	5	6	7	8
Cd^{2+} 浓度/mg·L^{-1}	0.4	1.2	2.3	5.1	11	25	36	50	86

由于置换析出的铜镉渣与溶液接触的时间越长则净化后液含镉越高，所以净化作业结束后应快速进行固液分离。生产实践表明，溶液中铜镉渣的渣量也对镉复溶有很大影响，渣量越多则镉复溶越厉害，所以在生产过程中应定期清理槽罐，采用流态化净化时应尽量缩短放渣周期。

溶液中的杂质 As、Sb 的存在，不仅增加锌粉的单耗，也促使镉的复溶。因此，中性浸出时应尽可能将这些杂质完全除去。此外，还需要控制好中性浸出液中 Cu^{2+} 的浓度，铜离子的浓度控制在 0.2~0.3g/L 为宜。

为尽量避免除铜、镉净化过程中镉的复溶，生产实践中除控制好操作技术条件外，还需控制好适宜的锌粉过量倍数。有的工厂在除铜、镉中将锌粉分批次投入，并在净化压滤前投入少量锌粉压槽，并通过增加铜镉渣中的金属锌粉量来减少镉的复溶。

3.5.3.6 深度除钴、镍原理

从 Co^{2+}/Co 与 Zn^{2+}/Zn 的标准电极电位来看，溶液中 Co^{2+} 应完全能够被锌粉置换出来，根据理论计算，置换后溶液中 Co^{2+} 的浓度可以降到 5×10^{-12}mg/L。但是，根据研究与实践证实，即使加入过量很多倍的锌粉，且达到沸腾状态下高温，溶液稍微加以酸化，并且加入可观数量的氢超电压相当高的阳离子（例如，加入含镉 0.89g/L 的溶液，电流密度在 $10A/cm^2$ 时的氢超电压为 0.918V），也不能使溶液中残余的钴量降到符合锌电积要求的程度。因此，需要加入其他的活化剂来实现锌粉置换沉钴。常用的方法有砷盐净化法、锑盐净化法、合金锌粉法。

A 砷盐净化法

砷盐净化法除钴基于在有 Cu^{2+} 存在及 80～90℃的条件下，加锌粉及 As_2O_3，并在搅拌的情况下使钴沉淀析出，然后在不加热（冷却降温）情况下（60～65℃）加锌粉除去残余的镉，即先高温、后低温净化法。由于铜的电位较正，很容易被锌粉所置换，并附着在锌粒表面，与锌形成微电池的两极，并发生两极反应如下。

铜阳极上：
$$As_2O_3+12H^++12e = 2AsH_3\uparrow+3H_2O$$
$$Co^{2+}+2e = Co\downarrow$$
$$2H^++2e = H_2\uparrow$$

锌阴极上：
$$Zn-2e = Zn^{2+}$$

置换出来的钴能与铜、砷形成互化物 CoAs、$CoAs_2$ 或 CuAs 等，这些化合物电位较正，促使钴有效地沉淀析出。基本的砷盐净化法都是二段净化，第一段在高温（80℃～95℃）下加锌粉和 As_2O_3 除铜与钴；第二段加锌粉除镉。其原则工艺流程如图 3-27 所示。

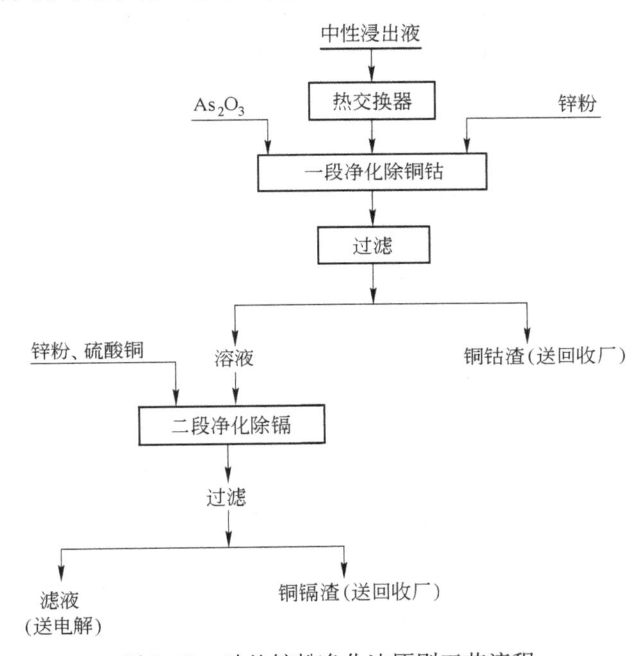

图 3-27 砷盐锌粉净化法原则工艺流程

采用砷盐净化法除钴，溶液中的 Cu、Ni、Co、As、Sb 几乎完全被除去，而镉留在溶液中。镉不被锌置换出来，可能是在高温下氢在镉上的超电压低，在溶液 pH 值为 5 时，镉被氧化：
$$Cd+2H_2O \longrightarrow Cd(OH)_2+H_2$$

砷盐净化法可以保证溶液中的 Co^{2+}、Ni^{2+} 去除到要求的程度，得到高质量的净化液，Co 和 Ni 的平均含量均小于 1mg/L。但该法存在以下几个方面的缺点：

（1）溶液含铜离子浓度不足时需补加铜。

（2）得到的铜镉渣被砷污染，不利于综合回收有价金属。

（3）作业过程要求高温（80℃以上），蒸汽能耗较高。

（4）净液过程中产生剧毒的 AsH_3 气体。

（5）需在净化作业结束后迅速进行固液分离，否则会导致某些杂质的复溶。

（6）锌粉消耗大。

由于砷盐净化存在上述缺点，与目前较为普遍采用的锑盐净化法相比并无更多的优势，所以国内一般湿法冶金工厂均不采用砷盐净化法。

B 锑盐净化法

锑盐净化法是在净化的第一段低温下（50～60℃）加锌粉置换除铜、镉；第二段在较高温度下（85℃）加锌粉与锑活化剂除钴及其他杂质。与砷盐法净化法相比，锑盐净化法所采用的高低温度恰好倒过来，即第一段为低温，第二段为高温，所以也称为逆锑盐净化。

锑盐净化的除钴活化剂除以 Sb_2O_3 作为锑活化剂外，有些工厂采用锑粉或其他含锑物料，如酒石酸锑钾（俗称吐酒石）或锑酸钠。国内外也有一些工厂采用的是铅的质量分数为1%～2%、锑的质量分数为0.3%～0.5%的Zn-Pb-Sb合金锌粉来净化除钴，但究其原理，仍属锑盐工艺。三段锑盐净化法流程如图3-28所示。

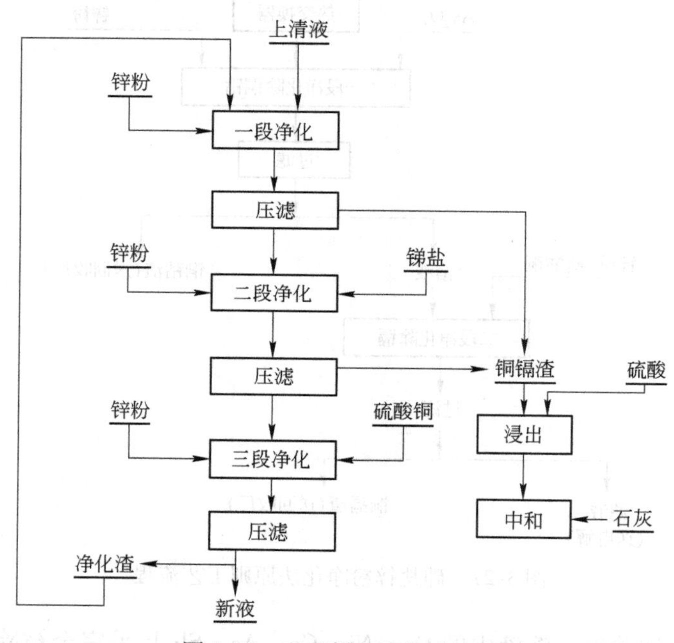

图3-28 三段锑盐净化法流程

与砷盐净化法相比较，锑盐净化法有如下优点：

（1）不需要加铜，在第一段中已除去镉，减少了镉进入钴渣量，镉的回收率可达60%。

（2）铜、镉除去后，加锑除钴的效果更好，钴含量达15～20mg/L时也能达到好的效果。

（3）由于 SbH_3 比 AsH_3 容易分解，产生剧毒气体的危害性较小，劳动条件大为改善。

（4）锑的活性大，添加剂消耗少。

由于逆锑盐净化具有上述优点，所以该法在湿法炼锌工厂中得到了广泛的应用。工厂一般采用三段净化工艺流程，其过程为：第一段在50～60℃时加锌粉除铜、镉，一般锌粉加入量控制为理论量的2倍，固液分离所得到的铜镉渣送综合回收提取镉。一段净化后的过滤液通过热交换器（如板式换热器或蒸汽蛇形盘管）加热到85%左右，加入锌粉与锑活化剂除钴、镍等杂质，固液分离所得的滤渣送去提钴。第三段净化加锌粉除残余杂质，得到含锌较高的净化渣返回除铜、镉段。采取该法净化后液中的铜、镉、钴、镍的含量都可以降到1mg/L以下，电锌质量明显提高，能耗降低。

C 有机试剂沉淀法除钴、镍

有机试剂沉淀法是通过试剂与溶液中钴、镍等杂质形成难溶的化合物被除去的方法。目前在生产上应用的有机试剂除钴法有黄药除钴法和β-萘酚除钴法。

a 黄药除钴法

黄药是一种有机试剂，其中，黄酸钾（$C_2H_5OCS_2K$）和黄酸钠（$C_2H_5OCS_2Na$）被应用于湿法炼锌过程中的净化除钴。其机理在于黄药能与溶液中的钴镍等重金属形成难溶的络盐沉淀。黄药与重金属形成黄酸盐的溶度积见表3-8。

表3-8 黄酸盐的溶度积

黄酸盐	溶度积	黄酸盐	溶度积
$Cu(C_2H_5OCS_2)_2$	5.2×10^{-20}	$Fe(C_2H_5OCS_2)_3$	10^{-21}
$Cd(C_2H_5OCS_2)_2$	2.6×10^{-14}	$Co(C_2H_5OCS_2)_2$	5.6×10^{-9}
$Zn(C_2H_5OCS_2)_2$	4.9×10^{-9}	$Co(C_2H_5OCS_2)_3$	$10^{-13}\sim10^{-14}$
$Fe(C_2H_5OCS_2)_2$	8×10^{-8}		

从表3-8中可以看出，比锌的黄酸盐难溶的有Cu^{2+}、Cd^{2+}、Fe^{3+}、Co^{3+}的黄酸盐，加入黄药便可以除去锌浸出液中的杂质金属离子。

黄药除钴实质是在硫酸铜存在的条件下，溶液中的硫酸钴与黄药发生化学反应，生成难溶的黄酸钴沉淀。其反应的化学方程式为：

$$8C_2H_5OCS_2Na+2CuSO_4+2CoSO_4 =\!=\!=$$
$$Cu_2(C_2H_5OCS_2)_2\downarrow+2Co(C_2H_5OCS_2)_3\downarrow+4Na_2SO_4$$

从以上的化学反应方程式可以看出，$CuSO_4$在除钴过程中使二价钴氧化为三价钴，是一种氧化剂。其他的氧化剂如$Fe_2(SO_4)_3$和$KMnO_4$也可起同样的作用，但给溶液带来新的杂质。实践证明，用$CuSO_4\cdot5H_2O$（胆矾）作氧化剂其效果最好，所以在生产上广泛添加胆矾作氧化剂。在$ZnSO_4$溶液中若不加氧化剂，便会产生大量的白色的黄酸锌沉淀，这说明只有Co^{3+}才能优先与黄药作用生成$Co(C_2H_5OCS_2)_3$沉淀。为了使除钴效果更好，常向净化槽中鼓入空气。

由于黄药能与钴以外的其他重金属如铜、镉、铁等发生反应，为减少黄药试剂消耗，应在除钴之前首先将这些杂质尽可能完全除去。

实践证明，黄药除钴的最佳温度应控制在35～40℃之间。温度过高会导致黄药分解与挥发，产生一种有臭味的气体，使劳动卫生条件恶化，同时增加黄药消耗并降低除钴效率。温度过低，又会延长作业时间。生产实践中为了加速反应的进行，所有的黄药都是预先配成10%的水溶液。黄药试剂的调配只能用冷水，且不宜放置时间过长，否则会导致黄药的分解而失效，其反应式为：

$$C_2H_5OCS_2Na+H_2O \xrightarrow{35℃} C_2H_5OH+NaOH+CS_2$$

黄药在酸性溶液中也容易发生分解反应，所以当除钴溶液的 pH 值较低时，便会增加黄药单耗，除钴效率降低。采用黄药除钴时，一般控制溶液 pH 值在 5.2 ~ 5.4。由于净化液中钴离子浓度较低，仅为 8 ~ 15mg/L，要使反应迅速进行而又彻底，必须加入过量的黄药。在生产实践中，黄药的加入量为钴量的 10 ~ 15 倍，硫酸铜的加入量为黄药的 1/5。

黄药还与 Cu、Ni、Cd、Fe、As、Sb 等发生反应，所以其综合除杂效果良好。但是由于过量的黄药能与锌反应生成黄酸锌沉淀，使净化渣中含有大量的锌，导致锌的损失，且净化渣含钴品位低，因此，黄酸钴渣需进行酸洗，回收大部分锌，并有利于钴渣的进一步处理。

由于黄药试剂较为昂贵，且净化过程特别是净化渣酸洗过程中会散发出臭味，劳动条件恶化，所以国内仅有少数厂家采用。

主要操作控制技术参数见表 3-9。

表 3-9　净化操作控制技术参数

<table>
<tr><th colspan="2">一 段 净 化</th><th colspan="3">二 段 净 化</th></tr>
<tr><td>流态化净化槽单槽容积/m^3</td><td>30</td><td colspan="2">机械搅拌反应槽单槽容积/m^3</td><td>100</td></tr>
<tr><td>处理溶液的能力/$m^3 \cdot h^{-1}$</td><td>60 ~ 80</td><td colspan="2">反应温度/℃</td><td>40 ~ 50</td></tr>
<tr><td>上清溶液中铜镉比</td><td>1 : (3 ~ 4)</td><td colspan="2">溶液 pH 值</td><td>>5.4</td></tr>
<tr><td rowspan="2">反应温度/℃</td><td rowspan="2">55 ~ 60</td><td rowspan="2">吨锌试剂单耗</td><td>黄药/kg</td><td>4.5 ~ 5.0</td></tr>
<tr><td>硫酸铜/kg</td><td>1.0</td></tr>
<tr><td>锌粉消耗/$kg \cdot m^{-3}$</td><td>3 ~ 4</td><td colspan="2">作业时间/min</td><td>15 ~ 20</td></tr>
<tr><td>管式过滤器面积/$m^2 \cdot 台^{-1}$</td><td>64</td><td colspan="2">过滤器面积/$m^2 \cdot 台^{-1}$</td><td>97</td></tr>
<tr><td>过滤速度/$m^3 \cdot (m^2 \cdot h)^{-1}$</td><td>0.4 ~ 0.8</td><td colspan="2">过滤速度/$m^3 \cdot (m^2 \cdot h)^{-1}$</td><td>0.5 ~ 0.9</td></tr>
</table>

b　β-萘酚除钴法

β-萘酚是一种灰白色薄片，略带苯酚气味，冶金上用来作为除钴试剂及表面活性剂。湿法炼锌电解沉积过程中若加入少量的 β-萘酚可改善锌片质量，提高电流效率。

β-萘酚用于净化除钴是因为 β-萘酚与 $NaNO_2$ 在弱酸性溶液中生成 α-亚硝基-β-萘酚。当溶液 pH 值为 2.5 ~ 3.0 时，α-亚硝基-β-萘酚与 Co^{2+} 反应生成蓬松状褐红色络盐沉淀，从而达到净化除钴的目的。其工艺流程如图 3-29 所示。其化学反应式为：

$$13C_{10}H_6ONO^- + 4Co^{2+} + 5H^+ \longrightarrow$$
$$C_{10}H_6NH_2OH + 4Co(C_{10}H_6ONO)_3 \downarrow + H_2O$$

由于 α-亚硝基-β-萘酚与溶液中的 Co^{2+} 的反应很充分，因此，采用该法可将钴除得非常彻底。该法与黄药除钴法相比，其劳动条件较好，且不需单设钴渣酸洗，产生的钴渣综合回收较为便利，所以国外采用该法的工厂较多，如日本的安中、彦岛，意大利的马格拉港炼锌厂等。

工艺技术条件及操作：

(1) α-亚硝基-β-萘酚溶液的配制。由于 β-萘酚易溶于碱而难溶于水，且 $NaNO_2$ 在

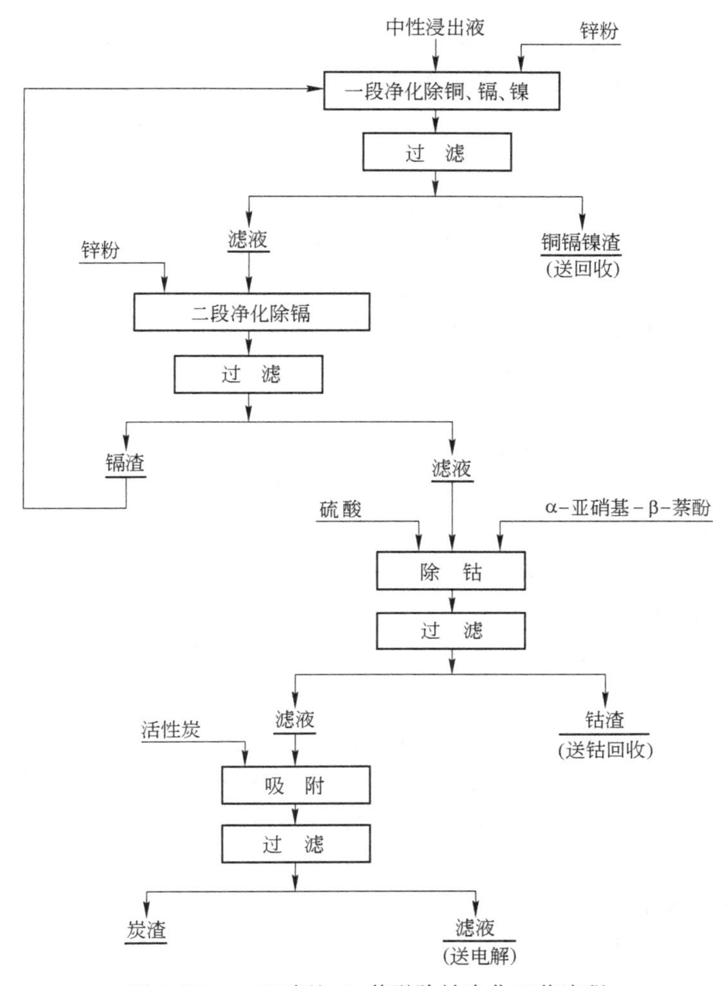

图 3-29 α-亚硝基-β-萘酚除钴净化工艺流程

碱性溶液中稳定，所以除钴液的配制需在 NaOH 碱性溶液中配制，生产中一般配制成浓度为 100g/L 的溶液待用。α-亚硝基-β-萘酚性能不稳定，配制成的溶液应避光保存，且放置时间不宜过长，一般不超过 2h。

（2）活性炭的预处理。活性炭中夹带有较多的 Fe、As、Sb 等杂质，使用前应预处理，可用稀硫酸水溶液浸泡，再用水洗烘干待用。若使用木质活性炭吸附，可不经预处理而直接使用。

（3）除钴操作与控制。用硫酸将除钴前液酸化至 pH 值为 2.8～3.0，根据前液钴含量计算加入的除钴液，除钴过程需监测溶液酸度，确保 pH 值为 2.8～3.0，反应时间为 30～60min。

3.5.3.7 硫酸锌溶液除氟、氯、钙、镁原理

中性浸出液中的氟、氯、钙、镁等离子含量如超过允许范围，也会对电解过程造成不利影响，可采用不同的净化方法降低它们的含量。

A 除氯

一般情况下，氯的主要来源是锌烟尘中的氯化物及自来水中的氯离子。溶液中氯离子的存在会腐蚀锌电解过程的阳极，使电解液中铅含量升高而降低析出锌品级率，当溶液含氯离子高于100mg/L时应净化除氯。常用的除氯方法有硫酸银法、铜渣除氯法、离子交换法等。

（1）硫酸银沉淀除氯是往溶液中添加硫酸银，生成难溶的氯化银沉淀，其反应式为：

$$Ag_2SO_4+2Cl^-=2AgCl\downarrow+SO_4^{2-}$$

该方法操作简单，除氯效果好，但银盐价格昂贵，银的再生回收率低。

（2）铜渣除氯是基于铜及铜离子与溶液中的氯离子相互作用，形成难溶的氯化亚铜沉淀。用处理铜镉渣生产镉过程中所产的海绵铜渣（25%～30% Cu、17% Zn、0.5% Cd）作沉氯剂，其反应式为：

$$Cu(\text{海绵铜})+2Cl^-+Cu^{2+}=Cu_2Cl_2\downarrow$$

过程温度45～60℃，酸度5～10g/L，经5～6h搅拌后可将溶液中氯离子从500～1000mg/L降至100mg/L以下。

（3）离子交换法除氯是利用离子交换树脂的可交换离子与电解液中待除去的离子发生交互反应，使溶液中待除去的离子吸附在树脂上，而树脂上相应的可交换离子进入溶液。国内某厂采用国产717强碱性阴离子树脂，除氯效率达50%。

B 除氟

氟来源于锌烟尘中的氟化物，浸出时进入溶液。氟离子会腐蚀锌电解槽的阴极铝板，使锌片难以剥离。当溶液中氟离子高于80mg/L时，需净化除氟。一般可在浸出过程中加入少量石灰乳，使氢氧化钙与氟离子形成不溶性氟化钙（CaF）再与硅酸聚合，并吸附在硅胶上，经水淋洗脱氟便使硅胶再生。该方法除氟率达26%～54%。

由于从溶液中脱除氟、氯的效果不佳，一些工厂采用预先火法（如用多膛炉）焙烧脱除锌烟尘中的氟、氯，并同时脱砷、锑，使氟、氯不进入湿法系统。

C 除钙、镁

电解液中K^+、Na^+、Mg^{2+}等碱土金属离子总量可达20～25g/L，如果含量过高，将使硫酸锌溶液的密度、黏度及电阻增加，引起沉淀过滤困难及电解槽电压上升。

溶液中的K^+、Na^+离子，如果除铁工艺采用黄钾铁矾法沉铁，它们参与形成黄钾铁矾的反应而随渣排出系统。

锌电积时，镁应控制在10～12g/L范围内。镁浓度过大，硫酸镁结晶析出而阻塞管道及溜槽。多数工厂是抽出部分电解液除镁，换以含杂质低的新液。

（1）氨法除镁。用25%的氢氧化铵中和中性电解液，控制温度50℃，pH值7.0～7.2，经1h反应，锌呈碱式硫酸锌（$ZnSO_4\cdot3Zn(OH)_2\cdot4H_20$）析出，沉淀率为95%～98%。杂质元素中98%～99%的Mg^{2+}、85%～95%的Mn^{2+}和几乎全部的K^+、Na^+、Cl^-离子都留在溶液中。

（2）石灰乳中和除镁。废电解液用石灰乳在常温下处理，沉淀出氢氧化锌，将含大部分镁的滤液丢弃，可阻止镁在系统中的积累。或在温度70～80℃及pH值6.3～6.7条件下加石灰乳于废电解液或中性硫酸锌溶液中，可沉淀出碱式硫酸锌，其反应式为：

$$4ZnSO_4+3Ca(OH)_2+6H_2O = ZnSO_4 \cdot 3Zn(OH)_2 \cdot 4H_2O+3CaSO_4 \cdot 2H_2O$$

其结果是70%的镁和60%的氟化物可除去。

(3) 电解脱镁。在日本彦岛炼锌厂，当电解液中含镁达20g/L时，采用隔膜电解脱镁工艺，该工艺包括：

1) 隔膜电解，从电解车间抽出部分电解废液送隔膜电解槽，进一步电解至含锌20g/L。

2) 石膏回收，隔膜电解尾液含 H_2SO_4 200g/L以上，用碳酸钙中和游离酸以回收石膏。

3) 中和工序，石膏工序排出的废液用消石灰中和以回收氢氧化锌，最终滤液送废水处理系统。

3.5.3.8 净化设备工作原理

净化过程的主要设备是净化槽，有流态化净化槽和机械搅拌槽；净化后的液固分离采用压滤机和管式过滤器等。

A 净化槽工作原理

a 流态化净化槽工作原理

我国湿法炼锌厂采用连续流态化净化槽（见图3-30）除铜、镉。锌粉由上部导流筒加入，溶液由下部进液口沿切线方向压入，在槽内呈螺旋上升，并与锌粉呈逆流运动，在流态化床内形成强烈搅拌而加速置换反应的进行。该设备具有结构简单、连续作业、能强化过程、生产能力大、使用寿命长、劳动条件好等优点。

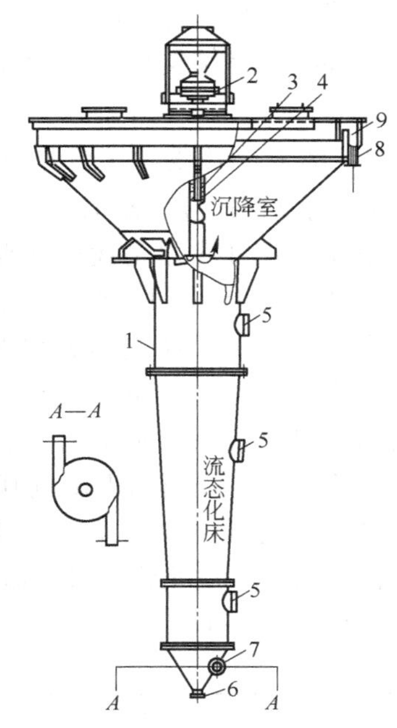

图3-30 流态化净化槽

1—槽体；2—加料圆盘；3—搅拌机；4—下料圆筒；5—窥视孔；6—放渣口；7—进液口；8—出液口；9—溢流沟

湖南某冶炼厂使用的流态化净液槽槽体为钢板焊接，除锥体部分衬胶外其余均衬铅板。西北某铅锌冶炼厂和广东某锌厂使用的槽体为不锈钢焊制。各厂使用的流态化槽的主要技术性能差不多，其性能见表3-10。

表3-10 流态化槽的主要技术性能

技术性能	参数	技术性能	参数
设备总高/mm	10130	有效容积/m^3	20
生产能力/$m^3 \cdot h^{-1}$	60～80	作业温度/℃	55～60
搅拌器桨叶直径/mm	160	流态化层高度/mm	5900
流态化层内溶液停留时间/min	3～5	溶液在槽内停留时间/min	15～20
锌粉搅拌器转速/$r \cdot min^{-1}$	400	搅拌器电机型号	5041～5046，1.0kW

流态化槽为20m^3标准设计，需要台数可按单槽生产能力和日需处理上清液量计算。

b 机械搅拌槽工作原理

一般机械搅拌槽容积为50～100m^3，但净化槽趋于扩大化，有150m^3及220m^3等。槽子材质有木质、不锈钢及钢筋混凝土槽体。槽内搅拌器为不锈钢制品，转速为45～140r/min。机械搅拌净化槽可单个间断作业，也可几个槽做阶梯排列形成连续作业或用虹吸管连续作业。图3-31所示为我国某厂机械搅拌除钴槽结构图。部分工厂机械搅拌槽规格见表3-11。

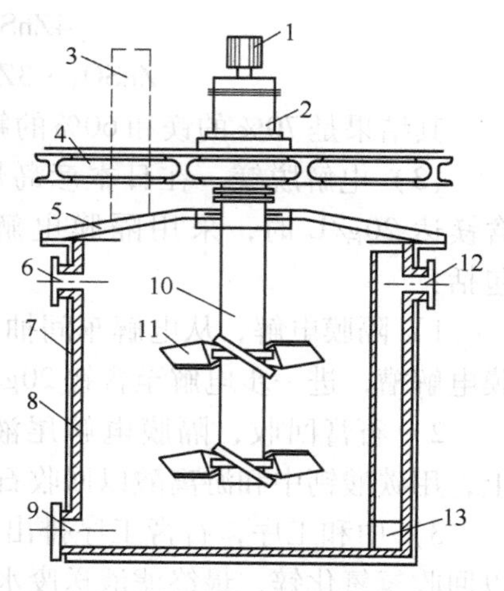

图3-31 机械搅拌除钴槽结构

1—传动设置；2—变速箱；3—通风孔；4—桥架；5—槽盖；6—进液口；7—槽体；8—耐酸瓷砖；9—放空口；10—搅拌轴；11—搅拌桨叶；12—出液口；13—出液孔

B 固液分离设备工作原理

a 尼龙管式过滤器工作原理

尼龙管式过滤器是我国研制成功的一种高效固液分离设备，由48个过滤管组合而成。每个过滤管由钻有小孔的钢管套上铁线网和尼龙滤布袋组合而成。过滤时由真空泵形成的负压进行抽滤，每个过滤管均装有可监测过滤效果的玻璃管和控制闸阀，发现跑浑时可随时将跑浑管隔断而不影响其他过滤管的正常工作。过滤结束后用压缩空气反吹，使渣从滤布表面脱落并从排渣口放出。尼龙管式过滤器的结构如图3-32所示，技术规格见表3-12。

表3-11 部分工厂机械搅拌槽规格

项目	国外1厂	国外2厂	国外3厂	西北铅锌冶炼厂	株洲冶炼厂Ⅰ	株洲冶炼厂Ⅱ
直径/m	9	5.5	6.1（9.1）	6.0	6	5.75
高度/m	3.15	4.7	3.2	4.5	4.5	5.5
有效容积/m^3	220			100	100	143
材质	木质	木质	不锈钢	不锈钢	钢筋混凝土	钢筋混凝土

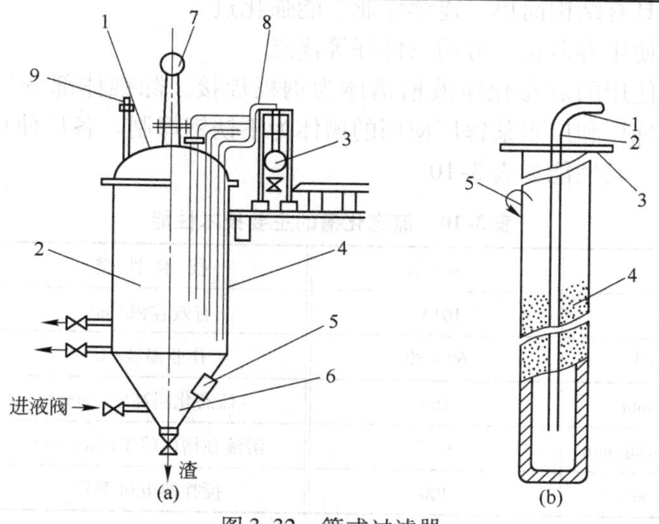

图3-32 管式过滤器

（a）管式过滤器正视图：1—封头；2—筒体；3—聚液装置；4—过滤管；5—人孔；6—渣底；7—压力表；8—玻璃管；9—安全阀

（b）过滤管示意图：1—胶皮管；2—出液管；3—盖板；4—钢管；5—涤纶袋

表 3-12 管式过滤器的规格

用 途	过滤面积及过滤速度	材 质
一次管式过滤器	$64m^2$，0.4～0.8$m^3/(m^2 \cdot h)$	罐体钢板
一次洗水管式过滤器	44.2m^2	罐体钢板
二次管式过滤器	$97m^2$，0.5～0.9$m^3/(m^2 \cdot h)$	罐体钢板
二次洗水管式过滤器	$97m^2$，0.5～0.9$m^3/(m^2 \cdot h)$	罐体钢板

尼龙管式过滤器具有制作较易、过滤速度快、滤液质量好、滤布寿命长、劳动条件好等优点，所以国内株洲冶炼厂和会泽铅锌冶炼厂等工厂均使用了该种过滤设备。但是，该设备更换滤布麻烦，且排出的是稀渣，造成运输、储存不方便，其应用推广受到了一定的限制。

b 箱式压滤机工作原理

箱式压滤机的结构与板框压滤机结构相近，其结构示意图如图 3-33 所示。两种过滤设备的差异主要是滤板的结构不同。与板框压滤机相比，箱式压滤机的滤板兼具滤板和滤框的性能，其凹陷的相连滤板之间形成了单独的滤箱，其滤板厚度达到 45mm，甚至达到 60mm，所以滤板的强度大幅度得到提高，备品备件消耗降低，且设备结构简单，滤布消耗降低，设备运行较为稳定，目前已成为替代板框压滤机的主要过滤设备。

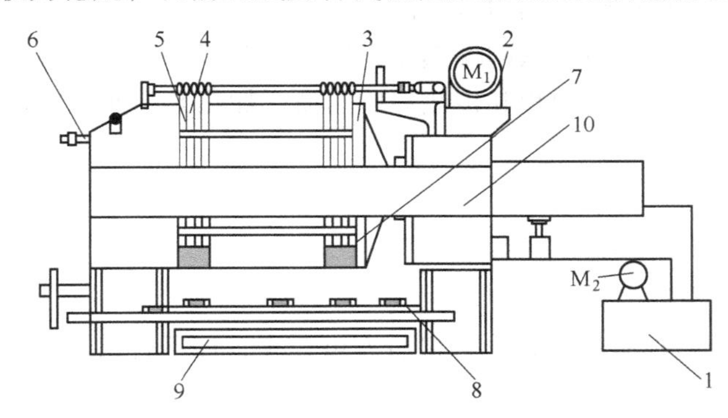

图 3-33 箱式压滤机

1—液压系统；2—滤布驱动装置；3—尾板；4—隔膜板；5—滤板（实板）；6—压缩空气进口；7—滤液口；8—滤布洗涤系统；9—接液盘；10—机架

c 板框压滤机工作原理

板框压滤机是湿法炼锌净化工序应用较广的一种液固分离设备，由装置在钢架上的多个滤板与滤框交替排列而成，如图 3-34 所示。

每台过滤机所采用的滤板与滤框的数目根据过滤机的生产能力及料液的情况而定，框的数目为 10～60 个，组装时将板与框交替排列，每一滤板与滤框间夹有滤布，将压滤机分成若干个单独的滤室，而后借助油压机等装置将它们压成一块整体。操作压强一般为 0.3～0.5MPa（表压）。板框材质为铸铁、木材、橡胶等，视过滤介质的性质而选定。操作一般按下列程序进行：压紧滤板→开泵进料→关闭进料泵→拉开滤板卸料→清洗检查滤布→准备进入下一循环。

板框压滤机具有结构简单、制造方便、适应性强、溶液质量较好等优点。主要缺点为：

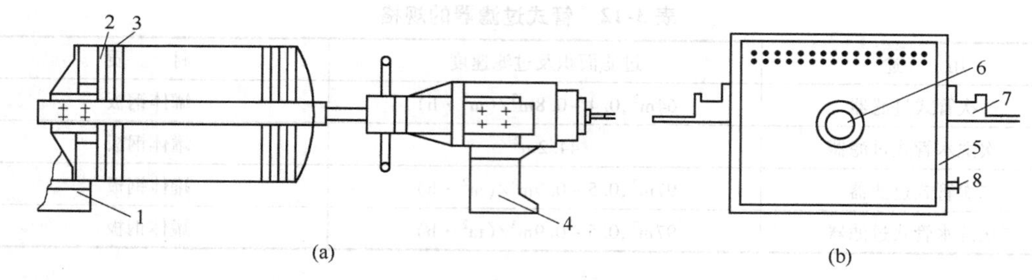

图 3-34 板框压滤机
(a) 整体设备正视图；(b) 压滤机滤板
1—支架；2，5—滤板；3—滤布框；4—液压系统；
6—进液孔；7—手柄；8—出液孔

间歇作业，装卸作业时间长，劳动强度大，滤布消耗高。

C 净化过程的加热设备工作原理

高温净化过程使用的溶液加热设备，以往多使用蒸汽蛇形盘管，由于传热效果差，致使加热升温速度慢，许多湿法炼锌厂都改用加热速度快、热效率高的换热器。换热器按其工作方式的不同可分为外置式和内置式两种，其中，外置式换热器又分为板式换热器和螺旋板换热器两种。螺旋板换热器国内最早由株洲冶炼厂引进使用，而板式换热器则应用较为广泛。内置式换热器由多组并联的换热器组成，放置于净液槽内，其工作原理与蒸汽蛇形管相似，优点是增大了换热面积和传热传质速度，加热升温速度较快。

3.5.4 净化工序的操作规范

3.5.4.1 上清泵岗位操作规程

上清泵岗位操作规程主要是：

(1) 随时掌握上清液质量变化，合格后方可开车，如不合格，通知调度并报告班长决定开否。

(2) 开、停车时，事先通知浓缩槽岗位和一次净液岗位，开车时先开上清泵，再开沸腾槽进液阀。停车时先关沸腾槽进液阀，再停上清泵。

(3) 沸腾槽放渣后再开车时，流量必须由小逐渐加大，力求整班流量稳定，确保沸腾正常。

3.5.4.2 一次净液岗位操作规程

一次净液岗位操作规程主要是：

(1) 新开沸腾槽应先开锌粉搅拌机，后开锌粉绞笼，打满液后停止进液，待槽内溶液合格后才能进行连续净化。沸腾槽开车不少于2台。

(2) 每2h分槽取沸腾净化后液样化验镉含量，及时根据结果调整锌粉用量，保证沸腾净化后液含镉不超过300mg/L。

(3) 溶液经沸腾净化后，溢流至机械净化槽，机械净化槽开车不少于2台。当液面超过搅拌叶片时，启动搅拌机。当液面至溢流口时，启动锌粉绞笼，按要求均匀加入锌粉，每小时在机械搅拌槽出口取样化验，保证末槽出口溶液含镉不超过10mg/L。

（4）控制净化液温度60～68℃，温度偏高或偏低时，及时通知浓缩岗位和调度。

（5）交班前半小时负责取当班中上清试样送化验室。

（6）停车，沸腾槽先停锌粉绞笼，后停锌粉搅拌机，待沸腾槽全部停下后，机械搅拌槽停加锌粉，当液面放至搅拌桨叶处，停搅拌机。

3.5.4.3 聚流岗位操作规程

聚流岗位操作规程主要是：

（1）0号～8号管式过滤器开、停操作顺序：停车→放残液→放底流→反洗→放洗水→准备开车，洗水过滤器按同样顺序操作，每班每台过滤器至少洗一次，操作过程中各相应的阀门开与关要做到准确无误。

（2）停车洗罐时，首先打开残液阀，然后才能开放空阀，以免残液进入洗水槽，污染洗水。

（3）勤洗罐，勤检查处理浑管，保证大溜槽含镉不超过60mg/L。

（4）及时开蒸汽加温，保证洗水温度60～90℃，做好热水与洗水平衡，及时补加新水，并取洗水化验镉含量，保证洗水镉含量不超过400mg/L。

3.5.4.4 一次管式过滤器看泵岗位操作规程

一次管式过滤器看泵岗位操作规程主要是：

（1）操作顺序：停车→放残液→放渣→反洗→放洗水→准备开车。操作过程中各相应的控制阀门要做到开、关准确无误。

（2）根据生产任务大小，由工段决定开车台数。洗罐台数要视滤速及镉复溶情况而定，不得少洗。

（3）班中停车，必须及时关进液阀，及时放底渣，以免堵塞管道。

（4）洗罐时，残液一定要放干净后才能放底渣，以免铜镉渣太稀。

（5）放底渣后，开始反洗的浑水应先从底阀放出进铜镉渣浆化槽，待水稍清后再关底阀进行罐内反洗，应注意放入的水不能过多，以免增大铜镉渣体积。

（6）反洗时，必须在放空管连续出热水后方能停止反洗。洗罐要严格按照开车先后顺序。

（7）每小时放清残液罐底渣一次，保证残液罐澄清效果，以免铜镉渣在系统内循环。

（8）放渣时，应及时启动搅拌机及送渣泵，以免淹电动机。

3.5.4.5 一次箱式压滤机岗位操作规程

一次箱式压滤机岗位操作规程主要是：

（1）开压前，应检查压滤机、搅拌槽及滤渣输送设施是否完好，发现问题应及时处理。

（2）根据压滤速度及镉复溶情况，决定拆压滤机次数，每班至少拆压滤机2次。

（3）发现坏布应及时更换，换布周期为6～15d，同时，要清理板框和出液口，保证畅通。

3.5.4.6 铜镉渣浆化岗位操作规程

铜镉渣浆化岗位操作规程主要是：

（1）放沸腾槽底流时，必须首先关好进液阀，静置几分钟后，再打开底阀放渣。若槽内渣子呈海绵状时，可适量少放一点，若渣粒较粗时应多放一点。

（2）上清液含铜大于400mg/L时，班中必须增加放粗渣一次。如遇班中停车时，也应及时将粗渣放出，以免堵死沸腾槽。

（3）每次泵送铜镉渣完毕后，必须用清水清洗管道。

3.5.4.7 二次净液岗位操作规程

二次净液岗位操作规程主要是：

（1）根据一次压滤后液温度调节冷却风机转数，以确保二次净液的温度条件控制。

（2）交接班时，取大溜槽溶液试样，送化验室化验 Cd、Co、Fe、Ni、Ge、Sb。同时，每隔2h取一个大溜槽溶液样化验镉，发现超标应及时向聚流岗位反映。

（3）根据生产情况确定黄药及硫酸铜的加入量，直至合格为止；合格后及时取操作罐内溶液样，分析钴、镉含量，当确认钴合格、含镉不超过0.0003g/L后，才能通知压罐。

（4）接班或者停留时间过长的好罐，必须重新取样化验，镉和钴合格后方可通知压液。

（5）严禁往罐内直接加入固体 $CuSO_4$，当硫酸铜溶解槽阀坏时，待阀门修好后，必须重新检查罐内溶液，杜绝质量事故发生。

（6）如发现一次净化压滤后液严重跑浑时，除通知聚流岗位及时处理外，对注入浑液的罐内要加入足量黄药，以防镉复溶，并通知仪表室多洗罐。

（7）交接班时，当面交班，在大溜槽内取样送化验室。

（8）接班后，必须与仪表室岗位核对各罐的操作情况，杜绝边进边压等质量事故发生。

3.5.4.8 仪表室岗位操作规程

仪表室岗位操作规程主要是：

（1）接到二次净液岗位质量合格通知后，按通知顺序压罐。

（2）新开过滤器时，先开返液阀，头道溶液进入大溜槽，待滤液清亮，取样化验镉合格后，关闭返液阀，打开出液阀，转入正常压滤。

（3）根据压滤情况及时洗罐，保证压滤后液含镉不超过1.5mg/L。操作顺序：停车→放残液→放渣→反洗→放洗水→放渣→准备开车。操作过程中各相应的阀门要做到开、关准确无误，相应的泵启动及时。一定要在残液放干后才能放底渣。

（4）经常检查压滤后液是否清亮，发现浑管及时处理，每小时取压滤后液化验镉，发现超标应及时停止压滤，并通知二次净化岗位加入黄药继续净液。

（5）班中停车时，必须及时关进液阀并及时放底渣，以免堵塞管道。

（6）做好热水、洗水平衡，及时补加新水，接班后及时取洗水化验镉，保证洗水含镉不超过10mg/L，并及时开蒸汽加温，保证洗水温度60~90℃。

（7）密切注意新液罐、热水槽、洗水槽液位，防止冒液。经常巡视现场，杜绝因阀门、管道漏液造成的质量波动。

3.5.4.9 二次看泵岗位操作规程

二次看泵岗位操作规程主要是：

（1）开车之前，应将新液泵、渣泵在仪表盘上的操作把手拨到“自动”位置。

（2）需要维修泵和清理管道时，将操作把手拨到“0”位置，现场紧急开关断开，并通知仪表室。

3.5.4.10 二次箱式压滤机岗位操作规程

二次箱式压滤机岗位操作规程主要是：

（1）开压前，应检查压滤机、搅拌槽及滤渣输送设施是否完好，发现问题及时处理。

（2）新开压滤机，应先返液，待液返清后，再送新液中间槽，应经常检查滤布是否跑浑。

（3）根据压滤速度及镉复溶情况，决定拆压滤机次数（每班至少1次）。

（4）自动压滤机拆洗顺序：启动浆化槽搅拌机→停压滤泵→将卸渣手动按钮打到“卸渣”位置→退接液盘→退头板→送拉钩→根据拆洗速度调整拉板时间→启清洗泵→拆洗压滤机→洗完→将洗渣按钮打到“手动”位置→进头板→清洗接液盘→进接液盘→放浆化槽内渣→停搅拌机→准备开车。

（5）自动压滤机每周返洗1~2次，每次返洗1~4h。自动压滤机返洗顺序：拆洗完压滤机→关进液阀→开返洗阀→接液盘开动返洗位置→启返洗泵→返洗完→返液→准备开车。

3.5.5 净化工序的安全文化

3.5.5.1 净化工序的安全生产隐患

净化工序的安全生产隐患主要是：

（1）净化工序可能存在的主要危险源有有毒有害气体、机械碰撞及转动伤害、起重设备、电解槽、高处作业等。

（2）净化工序可能导致事故发生的主要原因有设备设施缺陷、技术与工艺缺陷、防护装置缺陷、作业环境差、规章制度不完善和违章作业等。

（3）净化工序可能造成事故的主要类别有中毒、火灾、爆炸、机械伤害、起重伤害、淹溺、触电、噪声等。

（4）净化工序可能出现安全生产隐患的主要因素有：

1）净化过程中产生的砷化氢气体泄漏造成中毒。

2）起重机械未设置过载限制器、防撞装置、轨道极限限位安全保护装置等安全装置，从而导致的起重伤害事故。

3）起重机械用的钢丝绳断裂，吊物坠落引发的吊物伤人事故。

4）斜梯、操作平台未设置安全防护栏，可引发人员高处坠落事故。

5）电解生产中产生酸雾，工人未进行劳动防护，造成职业伤害。

6）槽面作业时，可能发生工人落入电解槽中，造成淹溺事故。

7）变压器、整流机组可能发生火灾、爆炸事故。

8）工人在电解车间使用金属工具不正确，可能造成槽间短路，造成触电事故。

9）锌粉在堆放过程中自燃或与氧化物反应燃烧发生火灾甚至爆炸事故。

3.5.5.2 净化工序的安全生产预防措施

净化工序的安全生产预防措施主要是：

（1）净化工序从业人员在从业前应接受岗位技术操作规程培训，了解其作业场所和工作岗位存在的危险因素、防范措施及事故应急措施。

（2）净化工序从业人员在作业过程中，应当严格遵守本单位的安全生产规章制度和操作规程，服从管理，正确佩戴和使用劳动防护用品。

（3）进入车间者严禁喝酒、追逐嬉闹，严禁在槽面上吸烟、用明暗火。

（4）严禁烟火，照明灯具离槽面3m以上，注意碰裂或酸雾汽熏自爆，以防起火触电伤人。

（5）净化工序从业人员发现事故隐患或者其他不完全因素，应当立即向现场安全生产管理人员或者本单位负责人报告。

（6）净化工序从业人员发现直接危及人身安全的紧急情况时，有权停止作业或者在采取可能的应急措施后撤离作业场所。

（7）特种作业人员（电工、焊工、装载机司机、起重机械司机、空压机工、锅炉工等）必须经培训后取得特种作业操作资格证书后方能上岗。

（8）起重机械应定期进行安全检查，确保设备完好，安全装置齐全有效。起重机作业时应有专人指挥协调。

（9）搬运各类物料时，车辆停稳，上下车要踩稳递实，不准随车押运，搬运稳妥，堆码牢固，摆放斜度以80°左右为宜，堆摆放量要适中，以防滑落跌倒伤人。

（10）槽面作业要严格遵守作业规程，防止踩空落入槽中。

（11）直梯、斜梯、栏杆及平台的制作符合《固定式钢直梯和钢斜梯安全技术条件》（GB 4053.1～4053.2）、《固定式工业防护栏杆安全技术条件》（GB 4053.3）、《固定式工业钢平台》（GB 4053.4）的要求。

（12）作业场所危险区域内设置安全警示标志。

3.5.5.3 净化岗位的职业卫生防护措施

净化时浸出液有一定的温度，雾气逸出时带走电解液形成酸雾，危害人的健康，对车间的设备及天花板也有腐蚀作用。因此，要防止酸雾的形成。其防护措施为：

（1）正确佩戴和使用劳动防护用品。

（2）加强车间通风。

（3）降低槽面酸雾浓度。

（4）向溶液中添加皂角或丝石竹根，使电解液表面形成稳固泡沫层，防止酸雾形成。

3.5.5.4 净化岗位的安全生产操作规程

A 一段净化岗位安全操作规程

严格按工艺控制条件进行操作，遵守安全操作规程。

进前液时，应先检查净化槽底阀是否关闭，槽内是否有杂物，防腐层等是否完好，加热汽蒸管路和阀门是否漏气，搅拌机械和泵及相连的电机是否正常。确认无误后方可进液。

随时掌握上清液质量的变化，确保无浑浊。数量足够，质量合格后方可进液，并调节好流量，达到流速均匀，满足流程供求平衡。

确认圆盘给料机正常，备好锌粉等辅料，当1号槽进液体积达1/3时，启动搅拌机和给料机，根据上清液中分析的Cu、Cd、Co、As、Sb、Fe等杂质元素含量，调节好锌粉等辅料的投入量。

待溶液溢流到 2 号槽时，取样分析 Cu、Cd、Fe 等杂质含量，根据分析结果适时调节好锌粉等辅料的投入量。

待 4 号槽溢流时，取样分析，合格后通知压滤送往二次净化。反之重新处理，并详细做好原始记录。

流程正常后，每 30min 取各槽出样分析 Cu、Cd、Fe 等元素一次，每 60min 取压滤分析 Cu、Cd、Co、As、Sb、Fe 等杂质元素一次，以便掌握和合理组织生产。

B 二段净化岗位安全操作规程

按工艺控制条件进行操作，遵守安全操作规程。

进前液时，应先检查净化槽底阀是否关闭，槽内是否有杂物，防腐层等是否完好，加热蒸汽管路和阀门是否漏气，搅拌机械和泵及相连的电动机是否正常。确认无误后方可进液。

备好锌粉等辅料，确认圆盘给料机正常，掌握前液质量与数量。

进满前液启动搅拌机，缓慢开启蒸汽阀，开始升温，同时启动给料机，根据分析结果调节锌粉等辅料的投入量。

在净化过程中随时测定各槽溶液温度，严格把 5 号、6 号槽温度控制在 85 ~90℃。

当溶液溢流到 6 号槽时，取样分析 Co、Ni、As、Sb 等杂质元素含量。合格后通知压滤送往三次净化。反之重新处理，同时详细做好原始记录。

流程正常后，每 30min 取各槽出口样分析 Co、Ni、As、Sb 一次，每 60min 取压滤分析以上元素一次。

C 三段净化岗位安全操作规程

严格按工艺控制条件进行操作，遵守安全操作规程。

进前液时，应先检查净化槽底阀是否关闭，槽内是否有杂物，防腐层是否完好，搅拌机械和泵及相连的电机等是否正常。确认无误后方可进液。

备好锌粉等辅料，确认圆盘给料机正常，当 1 号槽进液至槽体 2/3 时，启动搅拌机和给料机，根据前液中分析的杂质元素含量，调节好锌粉等辅料的投入量。

待溶液溢流到 2 号槽时取样分析 Cu、Cd、Fe 等，根据分析结果适时调节锌粉等辅料的投入量。

待 3 号槽溢流时，取样分析 Cu、Cd、Fe，合格后通知压滤，并取压滤样分析 Cu、Cd、Fe、Co、As、Sb 等元素，达标送往浓密池，适当除去流程中的钙、镁离子后送往电解。反之重新处理，并详细做好原始记录。

流程正常后，每 30min 分别取各槽出口分析 Cu、Cd、Fe 的含量一次，每 60min 取压滤样分析 Cu、Cd、Fe、Co、As、Sb 等杂质含量一次。

3.6 电解工序

3.6.1 电解工序的主要目的

3.6.1.1 电解工序的生产过程

电解工序就是净化后的硫酸锌溶液在直流电的作用下，使溶液中的 Zn^{2+} 离子在阴极沉积并析出金属锌的过程（锌片剥离后送熔铸成最终产品金属锌锭）。

3.6.1.2 电解工序的主要目的

电解工序的主要目的是通过控制电解条件析出更多金属锌。

3.6.1.3 电解工序的预期效果

电解工序的预期效果是：

（1）通过提高锌电积电效效率，增加阴极锌的产量；

（2）通过控制阴极锌中铅杂质的含量，保证阴极锌的质量。其析出锌的杂质含量（质量分数）要求为：Cu≤0.001%；Pb≤0.0028%或≤0.004%；Cd≤0.0012%（0号锌要求），Cd≤0.0019%（1号锌要求）；H_2O≤0.3%；无阳极泥和其他杂物。

3.6.2 电解工序的工艺流程

将已净化的溶液（$ZnSO_4+H_2SO_4$）连续不断地从电解槽进液端送入电解槽中，以Pb-Ag合金板（Ag的质量分数为1%）作阳极，压延铝板作阴极。通以直流电，阳极上放出O_2，阴极上析出金属Zn。

随着过程的不断进行，电解液中的Zn含量不断减少，而H_2SO_4不断增加。这种电解液称为废电解液。它不断从电解槽出液端溢出，送浸出工序，阴极上的析出锌隔一定周期（24h）取出。锌片剥下后送熔化铸锭成为成品，阴极铝板经清刷处理后再装入槽中继续进行电积。

锌电解沉积通常包括阳极制作、阴极制作、电解液循环等工序，生产工艺流程如图3-35所示。

3.6.3 电解工序的生产原理

3.6.3.1 电极反应原理

为了便于分析问题，假设溶液是纯净的，杂质在电积时的行为以后介绍，这样电解液中就只有$ZnSO_4$、H_2SO_4和H_2O。由电离理论，它们将电离出Zn^{2+}、H^+、SO_4^{2-}、OH^-离子，当通以直流电时，在生产实际中是Zn^{2+}移向阴极放电析出，即：

$$Zn^{2+}+2e=\!=\!=Zn$$

同样，OH^-移向阳极，在阳极失去电子放出O_2。

$$2OH^- -2e=\!=\!=H_2O+\frac{1}{2}O_2$$

而其中的SO_4^{2-}不参与析出过程，留在溶液中形成H_2SO_4，则电积过程可写为如下。

阴极：$$Zn^{2+}+2e+SO_4^{2-}=\!=\!=Zn+SO_4^{2-}$$

阳极：$$2OH^- -2e+2H^+=\!=\!=H_2O+\frac{1}{2}O_2+2H^+$$

总反应：$$ZnSO_4+H_2O=\!=\!=Zn+H_2SO_4+\frac{1}{2}O_2$$

下面讨论阴阳极还可能发生的反应。

A 阴极反应

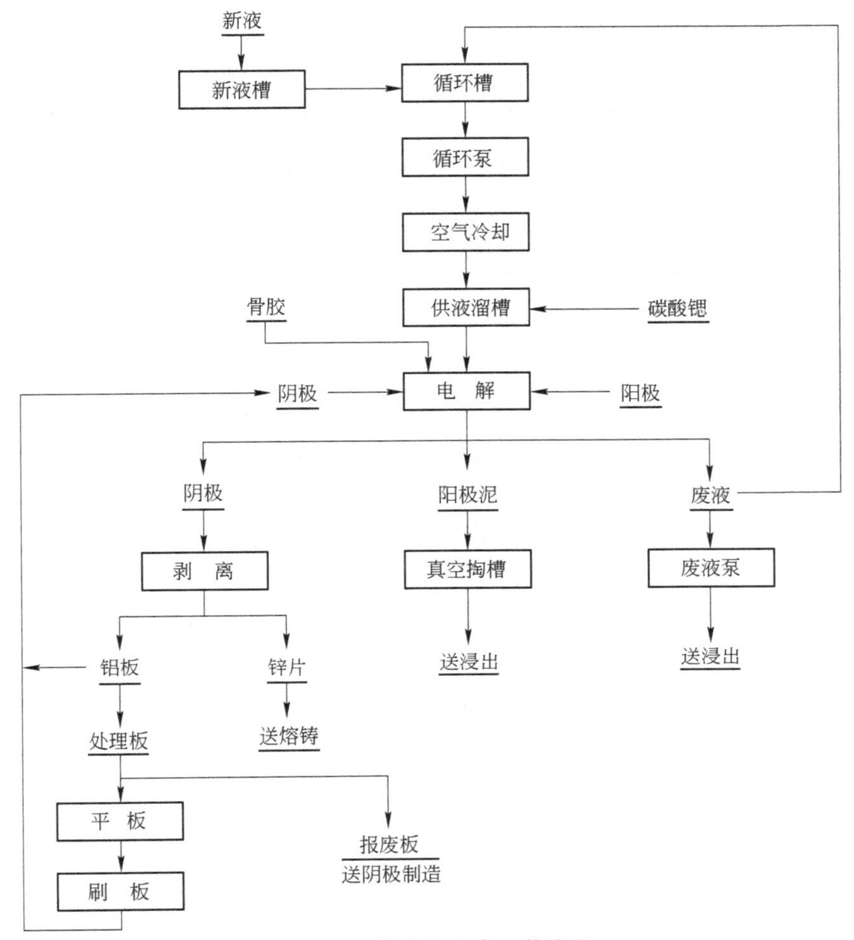

图 3-35 锌电解生产工艺流程

在阴极上除了 Zn^{2+}放电外，还可能发生 H^+的放电反应，即：

$$2H^+ + 2e = H_2$$

究竟 Zn^{2+}与 H^+哪一个优先放电，由以下 3 个因素决定：

（1）它们在电位序中的相对位置，电位较正的离子优先放电。

（2）它们在溶液中的离子浓度，浓度越大越易放电析出。

（3）与阴极材料有关，即取决于它们在阴极上超电位的大小，超电位越大越易放电，这是主要因素。

因 $E^0_{Zn} = -0.763V$、$E^0_H = 0$，而两者在溶液中的浓度以 H^+更多，因此应是 H^+优先放电，但由于 H^+在阴极铝板上析出的超电位很大，使得 H^+的实际析出电位低于锌的析出电位，因锌在铝板上的超电位很小，因此，Zn^{2+}将优于 H^+在阴极放电析出。

氢的超电压遵从塔非尔公式：

$$\eta_{H_2} = a + b\lg D_K$$

式中 a——常数，随阴极材料及表面状况、溶液组成、温度而变；

b——$\dfrac{2\times 2.3RT}{F}$，即随温度而变；

D_K——阴极电流密度，A/m^2。

可见，氢的超电压 η_{H_2} 与下列因素有关：

（1）金属材料。当 $D_K=400A/m^2$ 时，氢在不同材料中的超电压见表 3-13。

表 3-13　氢在不同材料中的超电压　（V）

阴极材料	Cd	Pb	Al	Zn	Ni	Ag	Cu	Fe	Pt
η_{H_2}/V	1.211	1.168	0.968	0.926	0.89	0.837	0.70	0.7	0.186

其中，Cd、Pb、Al、Zn 为高超电压金属。

（2）电流密度 D_K。D_K 增加，则 η_{H_2} 上升。

（3）温度。温度升高，a 值降低，b 值增加，但 a 值起主要作用，因此 η_{H_2} 下降。

（4）电解液组成。因 $[Zn^{2+}]$ 是一定的，因此主要是杂质的影响，杂质在阴极的沉积会改变阴极材料，降低 η_{H_2}。

（5）阴极表面状况。表面粗糙，面积增加，则 D_K 减小，η_{H_2} 下降，因此，希望阴极表面光滑平整。

（6）添加剂量。适量的添加剂可改变阴极状况，使阴极表面光滑，则 η_{H_2} 增加，但过量反而使 η_{H_2} 下降。

在生产中，为了不使氢离子在阴极放电析出，保证高的电流效率，总是要求有尽可能大的 η_{H_2}，所以能增大 η_{H_2} 的措施，都能相应地提高电效。

B　阳极反应

阳极反应主要有：

（1）$2OH^- - 2e = H_2O + \frac{1}{2}O_2$。氧与氢一样，在阳极上析出时也有超电压，超电压的大小依阳极材料、阳极表面状况及其他因素而定，氧气在一些金属上的超电压见表 3-14。

表 3-14　氧在金属上的超电压　（V）

阳极材料	Au	Pt	Ag	Pb	Cu	Co	Ni
η_{O_2}/V	0.52	0.44	0.4	0.35	0.25	0.13	0.12

氧的超电压越大，则电解时消耗的电能也越多。因此，生产上是力求降低氧的超电压。由于 OH^- 使溶液中氢离子的绝对数增加，从而与硫酸根离子作用生成硫酸，这一反应是生产过程所需的。

阳极放出的氧气分三部分消耗：

1）与电解液中的 $MnSO_4$ 起作用。

$$2MnSO_4 + 3H_2O + \frac{5}{2}O_2 = 2HMnO_4 + 2H_2SO_4$$

生成的 $HMnO_4$ 中的锰为 Mn^{7+}。它是电解液呈粉紫色的原因，$HMnO_4$ 继续与 $MnSO_4$ 作用。

$$2HMnO_4 + 3MnSO_4 + 2H_2O = 5MnO_2 + 3H_2SO_4$$

生成的 MnO_2 一部分附着在阳极上保护阳极不受侵蚀，一部分掉入阳极泥中。

2）少部分氧气与阳极铅作用。

$$Pb+O_2 = PbO_2$$

生成的 PbO_2 同样保护阳极不受侵蚀。

3）大部分氧气从阳极析出后逸出电解液表面，带走少量电解液的细小颗粒而形成酸雾。

（2）$Pb-2e = Pb^{2+}$。由于 $E^0_{Pb}>E^0_{Zn}$，所以可在阴极析出，降低阴极锌质量，但由于阳极表面有 PbO_2 而钝化，同时又有 MnO_2、$PbSO_4$ 覆盖，因此，可以防止铅的溶解，所以反应在正常生产时不发生。

（3）$SO_4^{2-}-2e = SO_3+\frac{1}{2}O_2$。由于 SO_4^{2-} 离子在阳极的放电电位比 OH^- 的放电电位更正，因此，它不会在阳极放电析出，而与 H^+ 形成硫酸。

3.6.3.2 杂质在电积时的行为

电解液中存在的杂质，将根据它们各自电位的大小及电积条件的不同，在阴极或阳极放电，现将常见的杂质分两大类讨论。

A 电位比锌更正的杂质

（1）Fe。$Fe_2(SO_4)_3$ 即 Fe^{3+} 与阴极锌反应，使锌反溶：

$$Fe_2(SO_4)_3+Zn = 2FeSO_4+ZnSO_4$$

生成的 $FeSO_4$ 在阳极又被氧化：

$$4FeSO_4+2H_2SO_4+O_2 = 2Fe_2(SO_4)_3+2H_2O$$

可见，溶液中的铁离子反复在阴极上还原又氧化，这样则白白消耗电能，降低了电效，当溶液温度升高时，有利于上述各个反应，因此，要求溶液含铁小于20mg/L。

（2）Co、Ni、Cu。Co^{2+}、Ni^{2+}、Cu^{2+} 对电积过程危害较大，它们在阴极析出后与锌形成微电池，造成锌的反溶（即烧板），从而降低电效，其烧板特征分别为：

1）Co，由背面往正面烧，背面有独立的小圆孔，当溶液中 Sb、Ge 含量高时，会加剧 Co 的危害作用，而当 Sb、Ge 及其他杂质含量较低时，存在适量的钴对降低阴极含铅有利，要求含钴小于3mg/L。

2）Ni，由正面往背面烧，正面呈葫芦形孔，要求含镍小于2mg/L。

3）Cu，由正面往背面烧，呈圆形透孔，要求含铜小于0.5mg/L。

（3）As、Sb、Ge。As^{3+}、Sb^{3+}、Ge^{4+} 杂质对电解过程危害最大，它们在阴极析出时产生烧板现象，而且能生成氢化物，并发生氢化物的生成与溶解的循环反应，两种作用合起来使电效急剧降低。

1）As，其危害作用小于 Sb、Ge，其烧板特征是表面为条沟状，且生成的 AsH_3 不被分解而逸出，要求含砷小于0.1mg/L。

2）Sb，锑在阴极析出后，因氢在其上的 η_{H_2} 较小，因而在该处析出的氢使锌反溶，同时形成锑化氢（SbH_3），此 SbH_3 又被电解液还原，析出氢气，即：

$$SbH_3+3H^+ = Sb^{3+}+3H_2$$

锑的烧板特征是表面为粒状，且阴极锌疏松发黑，可见，它不仅严重降低电效，又严重影响锌的物理质量。当溶液温度升高，且酸度增加时，其危害性加大。要求含锑小于

0.1mg/L。

3）Ge，烧板特征由背面往正面烧，为黑色圆环，严重时形成大面积针状小孔，并伴随如下循环反应：

$$Ge^{4+}+4e = Ge$$

$$Ge+2H_2 = GeH_4 \text{（锗甲烷）}$$

$$GeH_4+4H^+ = Ge^{4+}+4H_2$$

要求溶液含锗小于0.04mg/L。

（4）Pb、Cd。Pb^{2+}、Cd^{2+}都能在阴极放电析出，但因氢在这两者上的超电压很大，所以不会形成Cd(Pb)-Zn微电池，也就不会使锌反溶，所以它们不影响电效，只影响阴极锌的化学质量，要求含镉小于5mg/L，铅小于2mg/L。

B 电位比锌更负的杂质

（1）K、Na、Mg、Ca、Al、Mn。因它们不会在阴极放电析出，因而对电锌质量无影响，但它们会使电解液黏度增加，则会增大电解液的电阻，使电能消耗略有增加，因而也略降低电效，且当钙量较多时，易形成硫酸钙与硫酸锌结晶，堵塞输液管道。

（2）Cl。Cl^-会腐蚀阴极，使$Pb \rightarrow Pb^{2+}$进入溶液，从而影响阴极锌质量，要求Cl^-小于100mg/L。

（3）F。F^-会腐蚀阴极的Al_2O_3膜，使锌在铝板上析出后形成Zn-Al合金，造成剥锌困难，同时也造成铝板消耗增加，要求F^-小于50mg/L。

3.6.3.3 电解设备

A 电解槽工作原理

电积锌用的电解槽是一种长方形的槽子。各电锌厂用的电解槽大小不一定相同，制作电解槽的材料也不尽相同，有木质电解槽、钢筋混凝土电解槽、塑料电解槽、玻璃钢电解槽等。钢筋混凝土电解槽的结构如图3-36所示。塑料电解槽的结构如图3-37所示。一些工厂采用的锌电解槽尺寸见表3-15。

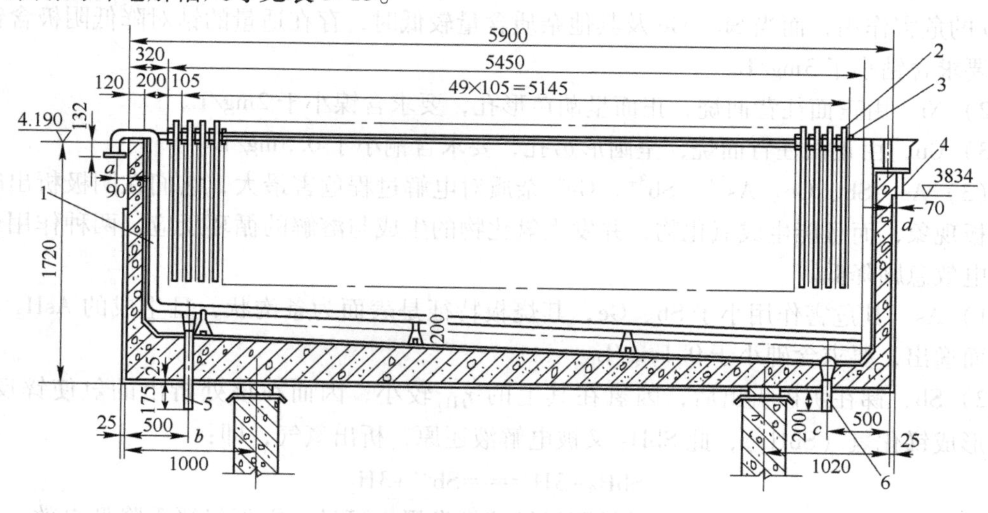

图3-36 钢筋混凝土电解槽的结构

1—进液管；2—阳极；3—阴极；4—出液管；5—放液管；6—阳极泥管

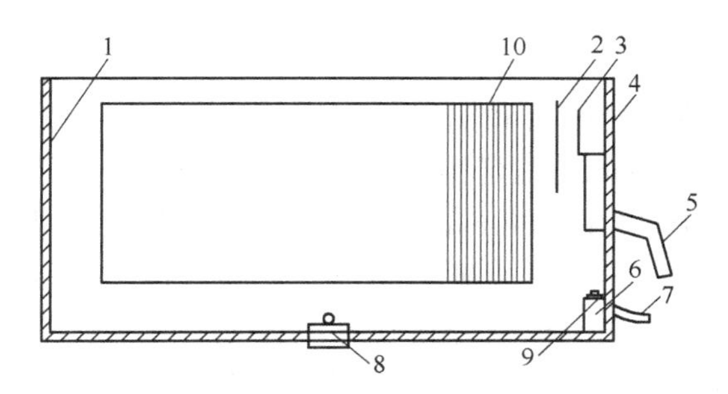

图3-37 塑料电解槽的结构

1—槽体（塑料板外衬钢框架）；2—溢流袋；3—溢流堰；4—溢流盒；5—溢流管（2个）；6—上清盒；7—上清溢流管；8—底塞；9—上清铅塞；10—导向架

表3-15 电锌厂电解槽尺寸实例 （mm）

工厂	1	2	3	4	5	6	7
长	4100	2940	1950	2250	2900	1800	3000
宽	950	800	850	850	870	650	850
高	1700	1500	1450	1450	1500	1100	1500

钢筋混凝土槽采用软聚氯乙烯塑料衬里，槽中依次更迭地吊挂着阳极和阴极。电解槽内附设有供液管、排液管（斗）、出液斗的液面调节堰板等。槽体底部常做成由一端向另一端或由两端向中央倾斜，倾斜度大约3%，最低处开设排泥孔，较高处有清槽用的放液孔。放液排泥孔配有耐酸陶瓷或嵌有橡胶圈的硬铅制作的塞子，防止漏液。此外，在槽体底部还开设检漏孔，以观察内衬是否被破坏。钢筋混凝土槽放置在经过防腐处理的钢筋混凝土梁上，槽与梁之间垫以绝缘的瓷砖，槽与槽之间有15～20mm的绝缘缝。

B 使用阳极的原理

目前，电积锌使用的阳极有铅银合金阳极、铅银钙合金阳极、铅银钙锶合金阳极等。铅银合金阳极制造工艺简单，但造价较高，这主要是因为这种阳极含银较高（约1%）。低银铅钙合金阳极具有强度高、耐腐蚀、使用寿命长、造价较低（含银仅为0.2%左右）等优点。这种阳极现正被越来越多的电锌厂所重视，但其制造工艺较为复杂。

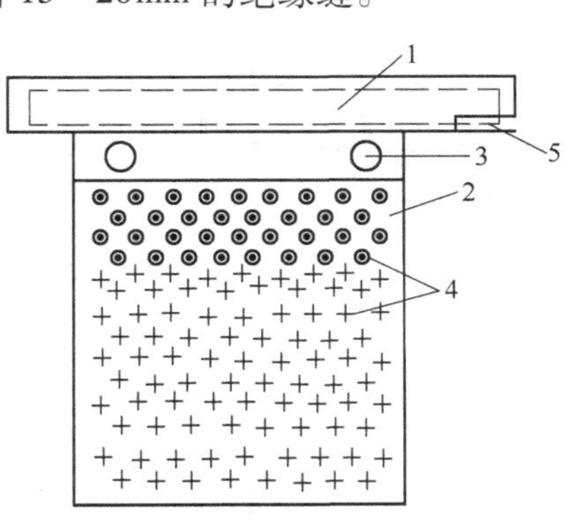

图3-38 阳极示意图

1—导电棒；2—阳极极板；3—吊装孔；4—小孔；5—导电头

阳极由阳极极板和导电棒组成，如图3-38所示。导电棒材质为紫铜。为使阳极板与导电棒接触良好，在铸造阳极时，导电棒的包铸铅与极板同时浇铸，仅露出导电棒两端的铜导电头，这样还可避免硫酸铜进入电解槽而污染电解液。

导电棒端头紫铜露出的部分称为导电头，与导电板搭接。阳极板的两个侧边嵌在导向架上的绝缘条内，它可加强板的强度，防止极板间接触短路。绝缘条的材质也为硬PVC（聚氯乙烯）。极板用铅银合金压延板，强度较低。阳极上有一些小的圆孔，以减轻极板的质量及改善溶液循环。

C 使用阴极的原理

阴极由极板、导电棒、导电头和阴极吊环组成，如图3-39所示。阴极板是用厚6mm的压延铝板制成，表面光滑平直，阴极尺寸通常比阳极宽10～40mm，这是为了减少阴极边缘形成树枝状析出锌。导电棒用硬铝制成，上部焊接有两个阴极吊环，供出装槽用。极板焊接在导电棒上。导电头是一小块8mm厚紫铜板，用特殊工艺铸在硬铝内，然后焊接在导电棒端头，导电头紫铜露出的部分与导电板搭接。阴极板和阳极板一样，两个侧边嵌在导电架上的绝缘条内，以防止析出锌包边给剥锌带来不便，另外还可防止阴极短路。

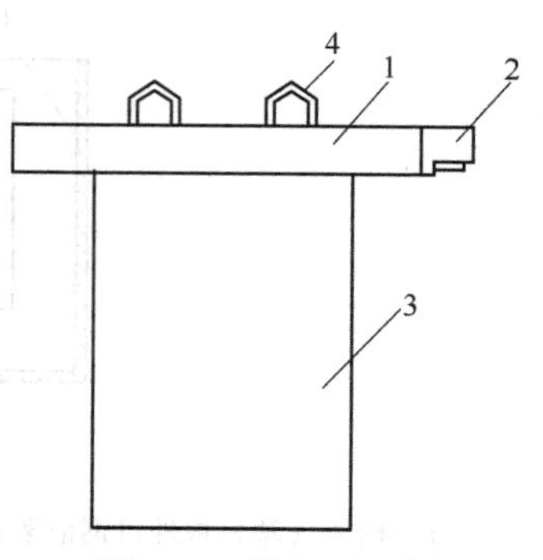

图3-39 阴极示意图

1—导电棒；2—导电头；3—极板；4—阴极吊环

D 电解液冷却设备工作原理

在锌电积过程中，由于电解液电阻存在会产生电热效应，使电解液温度不断升高，引起阴极上氢的超电压减小，锌从阴极上的溶解速度增大，杂质的可溶性增加，从而加剧了杂质的危害，使电流效率下降。另外，过高的槽温使硬PVC电解槽变形甚至损坏。为维持电解槽的热平衡，保证稳定的电解液温度，必须设置电解液冷却设备，一般有蛇形冷却管、空气冷却塔和真空蒸发冷冻机等。某厂电解液冷却采用空气冷却塔，这是因为该地区年均气温较低，空气湿度小，且这种冷却设备投资少，操作维护简便，能耗小。

空气冷却塔是集中冷却电解液的设备。电解液从上向下流经冷却塔，从塔的下部强制鼓入冷风。冷风与电解液呈逆流运动，蒸发水分，带走热量。冷却后的电解液和新液混合再加入电解槽，增加了电解槽内的循环量，从而达到电解过程所要求的温度条件。

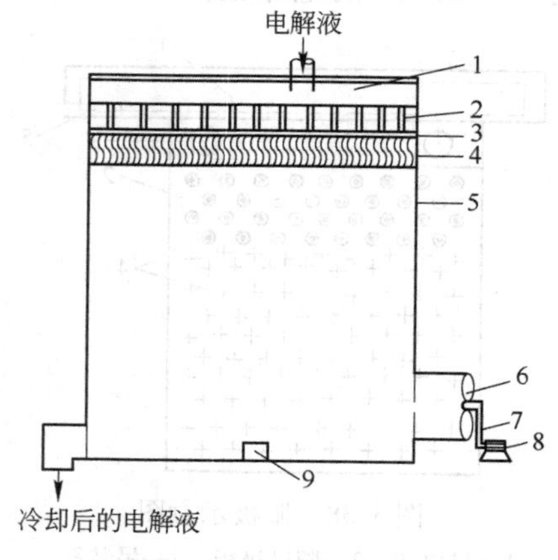

图3-40 空气冷却塔

1—溜槽；2—喷淋下液管；3—捕滴网；4—捕滴器；5—塔体；6—风机叶轮叶片；7—皮带；8—电机；9—下料漏斗

冷却塔的构造如图3-40所示。塔顶上层为捕滴网和捕滴器，用来捕集酸雾，减少酸雾对周围设施的腐蚀。电解液经溜槽及喷淋下液管，使电解液分散到整个冷却塔的横截断面，便于与空气进行充分热交换。塔呈方形，用钢筋混凝土砌成，并用环氧玻璃钢做严格的防腐处理，风机设在塔下部侧壁上。溜槽用双层塑料板覆盖以减少酸雾逸出。喷淋下液管为透明软PVC管，便于及时发现堵塞情况，以便及时清理，保证下液均匀。冷却塔内结晶物要定期清理，结晶物从下料漏斗排出。

E 电解槽布置及电路连接原理

锌电积车间电解槽均按列组合，布置在一个平面上，构成供电网路系统。某厂电解车间分东西两个系列，每个系列均有208个电解槽，分为8列。每列26个电解槽，每列分为四组，组与组之间的导电板为宽型导电板，每组有6～7个电解槽。电解槽内电极并联，而槽与槽是串联，如图3-

41 所示。所用电源为直流电，直流电由交流电经可控硅整流器变换而来，直流电供电范围在 0 ~ 36kA。

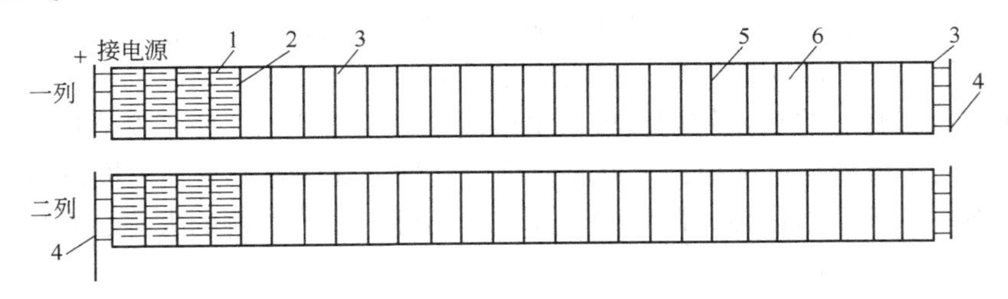

图 3-41 列组式电解槽

1—阳极板；2—阴极板；3—（组间）宽型导电板；4—总导电板；5—（槽间）窄型导电板；6—电解槽

3.6.4 电解工序的操作规范

3.6.4.1 电解工序槽上槽下通用操作规程

严格按照槽上“把四关”、槽下“七不准”操作法进行操作。

槽上“把四关”：

（1）导电关。导电接触点、槽间导电铜板擦亮，首尾槽母线擦亮，接触点敲实，两极对正、极距均匀，消灭短路、断路及塌腰。

（2）极板关。接触记准确，及时平整阳极，不合格的阴极板不准装槽。

（3）检查关。精心检查、调整，确保导电良好、槽面整齐清洁，杂物不得进入槽内。

（4）添加剂关。适时、适量加入添加剂（吐酒石、骨胶等）。

槽下“七不准”：

（1）导电头松动、板棒脱焊、裂缝、挂耳不完整、绝缘套缺陷或未黏结牢固的阴极板不准装槽。

（2）弯角、弯棒、挂耳不端正、板面不平整的阴极板不准装槽。

（3）阴极板附着有析出锌不准装槽。

（4）阴极板附着有酸液不准装槽。

（5）阴极板面呈现花纹、不光亮不准装槽。

（6）导电棒及挂耳断裂、损坏，板面出现孔眼，绝缘套掉套，导电接触点发黑的阴极板不准装槽。

（7）未经酸处理的新阴极板不准装槽。

3.6.4.2 出装槽吊车岗位操作规程

出装槽吊车岗位操作规程主要是：

（1）按设备维护规程认真检查吊车及出装槽机械各部位，确认正常之后方可合闸试车运行。

（2）定位。首先需配合槽面工将出装槽机械中心对准电解槽中心，吊环对准阴极挂耳，使机械受力均匀，同时，需配合剥锌工将出装槽机械中心与析出锌阴极支架、备用板支架定位，在运行过程中一律不动小车，只有当大车串位时，才需对小车进行微调。

（3）吊车运行过程中必须听把吊人员指挥，未经把吊人员允许不得起吊、落吊，确保起吊稳、落吊准、吊运及时且安全。行车不超速，严禁猛拉、快移、斜拉、斜吊，控制器逐级扳动，严禁三向同时运行，严禁拖吊钩运行。吊物高度应超过障碍物 0.5m 以上，但最高不得接触上限位置，严禁在人头上方越过，严防相邻吊车碰撞。运行中听到停车指令，不论发自何人，都应立即停车，查明情况后再运行。

（4）出装槽操作。当析出锌阴极板吊出槽面时，稍停片刻，便于看清接触短路，当从剥锌场起吊备用阴极板经过洗板器上方时，稍停片刻，确保导电头、极板被冲洗干净。

（5）驾驶室内 5 个控制器，除中间小车控制器外，对另一侧的大车、卷扬控制器应加护罩，确保安全、正常运行。

（6）出装槽机械的 4 根导向杆与内架滑块每半个月需加黄油 1 次。

（7）如遇故障、电器自动跳闸时，严禁顶闸强行开车，应放下吊物，及时停车，将控制器置于零位，切断电源，认真检查，排除故障。本岗位不能处理的故障，应及时报告班长及维护人员处理。

（8）当更换滑线炭块等零部件时，或者处理故障需停电时，应与维护工联系好，同时与本跨其他吊车联系好后，才能拉下总闸，并悬挂“严禁合闸”警告牌。检修处理完毕，通知有关岗位，配合电工确认线路无异常后，方可取下警告牌，按二次合闸送电。无论任何原因离开驾驶室时，需将控制器置于零位，切断电源。

（9）作业完毕，停车于安全位置，打扫卫生，如实填写吊车与出装机器运行记录。

3.6.4.3 出装槽槽面岗位操作规程

出装槽槽面岗位操作规程主要是：

（1）检查冲洗槽间导电铜牌的水管是否有水、是否畅通，准备好擦洗导电铜牌的布，记接触的标志，按需要配制适量的吐酒石溶液 1 桶，摆好靠板架。

（2）需要时，首先对前 2～3 槽内加入适量吐酒石溶液，然后出一槽，加一槽，同时用水将槽间电铜牌清洗一次，冲洗后的水严禁流入槽内。

（3）指挥并配合吊车工“定位”，将析出锌阴极挂吊，当吊出槽面时，先记准槽内接触短路，做好标记，然后将导电铜牌擦洗干净。

（4）装板时指挥吊车工平衡地将铝板装入槽内，松开吊环，提升 150～200mm，再移动大车至下一槽挂吊出槽。

（5）当第一吊出装槽完毕，应及时调整，检查一吊，消除槽面接触、槽内短路，消除塌腰板、错牙板、两头搭接等导电异常的极板，剔除不合格的阴极板。

（6）平阳极。先垫块废铝板，注意不许跨槽，确保铲净阴极泥，板、棒平直，更换废阳极，阳极泥倒入阳极泥斗，杂物倒入垃圾斗。

（7）检查电路。以阳极表面溶液冒泡多而均匀为导电良好，溶液静止为不导电，如阴极表面溶液冒泡，即是析出锌返溶，放出氢气的现象，如阴极不导电，则无锌析出，精心处理，确保导电良好。

（8）出装槽全部完毕后 1～2h，往电解槽内加入骨胶，按 0.25～0.5kg/t 析出锌加入，然后冲洗“母线”、换洗槽水，清扫现场，填写记录。

（9）在整个出装槽过程中，工作人员应注意避开出装槽机器，以免撞伤。

3.6.4.4 剥锌岗位操作规程

剥锌岗位操作规程主要是：

（1）清扫碎锌及杂物，摆正铝板支架和析出锌阴极支架（合计3个），并配合吊车工与分装槽机器定位，检查铝板冲洗器是否有水。

（2）按每槽装板数摆满一个支架备用板，另一个摆放每槽装板数1/2的备用板，在支架旁边准备一定数量的备用板，第三个支架支承出槽的析出锌阴极板。

（3）析出锌阴极板支架两侧摆放好剥锌架。

（4）剥锌时从析出锌阴极支架两侧取板需均匀、有序，不许造成一端析出阴极多而另一端少的不平衡现象。

（5）剥离的锌片堆码整齐，铝板按“七不准”分选，“回笼板”导电头集中一个方向摆放，必须与槽间导电铜板搭口方向一致。

（6）吊锌。锌垛高度达850mm时，或全部析出锌剥离完毕时，必须将锌片吊运至叉车道。

（7）全部操作结束后打扫现场卫生，铲碎锌，处理杂物，收拾工具、设备，清扫叉车道，协助槽面工换洗槽水。

（8）在整个作业过程中，注意吊车来往，剥锌人员必须避开出装槽机器，以免撞伤。

3.6.4.5 平板岗位操作规程

平板岗位操作规程主要是：

（1）进岗时首先配合吊车工出“咬槽板”下洗槽，煮洗后靠放在平板台旁。

（2）准备好凿子、榔头、木槌等工具和用具。

（3）用凿子除去铝板上黏附的碎锌，用木槌将板、棒、挂耳平直，确保挂耳与板、棒平直、垂直、不塌腰，导电头下面达到平整、绝缘套完整无缺。

（4）选板。不能继续使用的铝板应剔除分别处理；不导电的铝板必须查明原因，处理好后方可使用；板、棒脱焊，导电头松动的铝板应送阴极班修补；铝板上黏附碎锌凿不下的下“咬槽”；报废的铝板，卸下导电头集中堆放处理。

（5）工作结束后，整理、收拾工具，打扫现场卫生，做好班长分配的其他工作。

3.6.4.6 刷板岗位操作规程

刷板岗位操作规程主要是：

（1）开车前调整刷辊距，检查润滑点是否有油，再将油杯盖旋转1/2～1圈，然后启动空车运行，当运转正常后方可进行刷板。

（2）操作顺序为：启动电源开关→启动刷辊电机→挂板→启动升降电机→铝板复位→取下铝板→关闭刷辊电机→切断电源，工作结束。挂板时注意铝板必须对准刷辊中心。

（3）刷板过程中注意刷辊距的变动，并随时调整，确保刷板质量，且逐片检查铝板导电头是否松动，发现松动需及时送阴极制造焊补。

（4）如发生设备故障，应立即停车，仔细检查，本岗位处理不了的故障应及时地让维修人员处理，刷板机上下、周围必须杜绝火种，严防火种掉入刷板机坑内引起火灾的发生。

（5）工作结束后对设备进行清扫和维护，打扫现场卫生，但是严禁用水、湿抹布或拖布，以免电动机受潮发生短路漏电现象，并做好班长分配的其他工作。

（6）向班长汇报本班刷板数量和损坏板数量，及时填写原始记录。

3.6.4.7 电解液运转总流量岗位操作规程

电解液运转总流量岗位操作规程主要是：

（1）接班前认真查阅上班记录，了解生产情况及设备运行情况，并向本班岗位交代清楚。

（2）接班后详细检查总流量及其分配情况，注意新液罐、废液罐等的体积变化，防止跑酸、冒液，防止新液罐底渣泛起进入电解槽内。

（3）对各岗位、各设备情况进行巡视检查，对金属平衡、体积平衡、酸平衡进行调控，确保系列流量充足、稳定、均衡，注意严格控制各列溜槽溢流量，尤其不宜出现溢流太大。在需要进行总流量调整之前，应通知有关岗位。

（4）根据化验结果控制废液"酸锌比"在技术卡片规定范围内。根据电流的升降及时调整新液量，确保废液含酸：锌在 3.8～4.0 内，或者采用系数控制法，即废液含酸=1.2×新液含锌。若出现异常达不到控制要求，必须查明原因，同时通报技术组与调度组。

（5）开、停循环。如检修设备、计划停产等原因需要局部或全部停循环时，应配合管道工做好准备工作，先压缩流量，再截流，统一指挥各岗位协同作业，尽量不影响或少影响正常生产系列，开循环时打开扎口，应适时、适量地加大流量，防止断流或冒槽。

（6）凡需要维修工段处理的设备故障，应当班及时到维修工段有关班组登记。中、晚班应及时报告调度安排处理。

（7）下班前认真填写交接班记录，并向分厂调度汇报本班生产情况。

3.6.4.8 电解液运转比重岗位操作规程

电解液运转比重岗位操作规程主要是：

（1）执行现场交、接班，首先查看上班原始记录，仔细了解生产情况及本班注意事项。

（2）现场检查流量大小，抽查槽温，如发现异常情况应向交班者提出来，并做好记录。

（3）接班后应逐槽检查流量、槽温，如发现异常情况应向交班者提出来，并做好记录。

（4）配合空气冷却塔，废液泵的开、停、更换等操作，按技术卡片规定调整好流量、槽温、废液酸锌比，出现偏差时应及时通知有关人员做出相应的调整，电流每小时记录一次，并随时注意波动情况，如发现异常情况应及时用电话询问整流所，并报告分厂调度。

（5）及时清理进液管和供液溜槽的结垢物，确保液流畅通无阻，分配溜槽和大溜槽液面不宜太高，挡板刚插到液面为好，严防冒液。

（6）晚班在早晨 7 时以前，早班在 11 时以前进行析出锌取样。按每六槽取一样片，每列取 4 块，每块按上、中、下、侧 4 个部位采取 12mm×12mm 左右的样本，合计 4 片作为一个列的样品，必须保持清洁，并写明年、月、日、系列等标号。

（7）本岗位管理的工艺设备，每班必须进行 4 次巡视检查，当槽上有人操作时应随时注意检查，每次"巡检"完毕应挂上巡检牌，并做好记录。

（8）检查中如发现电解槽严重漏液，应采取临时措施堵漏，或及时将该电解槽横电，保持液面，严防断电。横电后及时报告分厂调度并通知管道班进行修补。

(9）横电操作。横电即槽间电路短接，用4块2200mm×120mm×10mm铜板将需要处理电解槽两侧的槽间导电铜板进行短接。

(10）交班前打扫室内外卫生，填写原始记录。

3.6.4.9 电解液运转废液泵岗位操作规程

电解液运转废液泵岗位操作规程主要是：

(1）仔细查看交班记录，详细了解生产情况和注意事项，认真检查每台设备的运行情况和完好情况，检查工具、材料是否完好、齐备，严格交接班。

(2）开、停车操作规程主要是：

1）开泵。首先与空气冷却塔岗位联系，确定启动泵号，按设备维护规程检查泵、阀、法兰、管路等是否完好，稍微打开进液阀试漏，确认后通知空气冷却塔岗位，“先开风机后过液”，同时通知总流量和比重岗位注意体积变化，防止冒液，再启动应开泵号的按钮，检查泵的转向、响声、震动情况是否有异常，看电流表指示是否有误，之后可全部打开进液阀投入正常运行。

2）停泵。先与总流量、比重、空气冷却塔等岗位联系，配合“先停泵后停风”，停泵后待管道内余液全部回流完，再将阀门关闭，防止漏液。注意：更换泵时，应先启动备用泵后，再停需停止运行的泵。

(3）检查。每班对本岗位所管的设备、仪表进行巡视4次，检查泵的运行情况及冷却水的水压、水量，不得跑漏，防止水跑入泵内稀释溶液。若发现问题应及时处理。本岗位处理不了的问题，应及时报告班长或维修人员处理，检查完毕挂上巡检牌，并做好记录。

(4）本岗位负责地坑内废水的回收，若遇异常情况不能回收时，应及时报告分厂调度。

(5）需用临时管道送液时，注意管道出口不得沉入液中，以免发生倒虹吸跑液。

(6）下班前维护设备，打扫卫生，清洁工具，填写记录。

3.6.4.10 空气冷却塔岗位操作规程

空气冷却塔岗位操作规程主要是：

(1）开车前检查。塔体、捕滴装置、进液和喷洒装置、人孔等是否清理干净；风机、电动机、地脚螺钉等紧固部位是否牢固可靠；电动机地线、风机、减速机护罩等安全装置是否完好，润滑部位是否有油；转动部件旁是否有障碍物，用手盘动风机叶片1~2转。

(2）开车程序为：电源开关合闸→安全开关合闸→启动风机按钮。待风机运行正常后方能过液。过液前需通知总流量岗位及废液泵岗位协同配合，注意流量变化。调整好风机的角度，确保冷却效果。

(3）正常运行。每隔2h测量并记录一次各塔的出液温度和电动机的电流、电压；经常检查设备运转情况，发现风机、电动机转动响声异常，或发出异味，或其他故障，应立即停车，检查处理。

(4）停车。通知总流量及废液泵岗位，先关闭进液阀，停止过液；停风机、断开电源开关。

(5）按时、按量加入碳酸锶，加入前搅拌机必须停车，确保安全，再将碳酸锶加入搅拌槽内。将其包装内袋碎片及封口线等杂物捞出后，再调整水量，启动搅拌机，确保流量连续、均匀。

(6) 下班前维护设备，记录环境温度，打扫卫生，认真填写记录，并向调度汇报本岗位设备开动台数，运行及生产情况。

3.6.4.11 化验、新液泵岗位操作规程

化验、新液泵岗位操作规程主要是：

(1) 接班时查看上班记录，了解生产情况及当班注意事项，检查仪器、用具、试剂是否完备，检查新液泵的运行和备用泵是否良好。注意新液罐体积，防止罐底泛渣，一般情况只许使用一个新液罐的液，另两个新液罐作为储备、澄清、轮换罐。

(2) 每班对各系列废液、混合液采样化验酸、锌含量4次。化验结果及时填写化验与原始记录，同时通知总流量岗位，并与“酸、锌”自动检测仪校对数据，发现问题应分析原因，提出处理意见，工作结束前将器皿洗刷干净，向班长汇报生产情况。

(3) 下班前半小时采新液样送化验室。采样器内余液倒回新液溜槽内，放置好采样器，遇雨时应盖好挡雨罩，同时从化验室取回上班的新液化验票，填写记录，如出现不合格元素应立即报告浸出车间，以及本车间调度。

(4) 对本岗位所管的设备进行巡检，并挂上巡检牌。如发现新液跑浑等异常情况，应立即通知净液岗位，并报告车间调度。

(5) 交班前维护设备、仪器、用具等，打扫现场卫生，填写原始记录。

3.6.4.12 掏槽岗位操作规程

掏槽岗位操作规程主要是：

(1) 掏槽前先了解生产情况，如不宜掏槽，应采取适当措施排除故障，并报告车间，或者请求暂停掏槽作业。

(2) 准备。认真检查各自使用的设备、工具、用具等是否完好，使用吊车、启动地槽泵则按其技术操作规程、设备维护规程进行操作，通知比重岗位适当加大掏槽列的流量，与浸出岗位联系好送液时间。

(3) 采取不横电掏槽，必须保持槽内液面高度在2/3以上。

(4) 冲洗壁间上的污物，捞出成团、块状杂物送往垃圾斗内，再将槽内阳极泥抽干净，同时应爱护电解槽，防止损坏槽壁。

(5) 灌液需缓而均衡，与抽泥浆速度平衡，以免影响其他电解槽的流量。掏完一槽应检查电解槽有无损坏，如有损坏，应做好记录，并通知管道班修补。

(6) 灌满液后应检查极板是否移位，拨正错牙，调匀极距，检查电路，确保导电良好。

(7) 作业结束前两槽时间通知比重岗位恢复正常流量，防止冒槽，操作全部结束后收拾工具，清扫现场，填写记录。

3.6.4.13 开槽、停槽岗位操作规程

开槽、停槽是指电解槽通电投产、停电停产全过程的操作。它是电解各岗位与运转各岗位紧密配合作业的过程，开槽分为中性开槽及酸性开槽两种方法，本规程指酸性开槽。

A 开槽准备工作操作规程

开槽准备工作操作规程主要是：

（1）槽间导电铜板的处理与装配。

1）槽下除锈。为确保电解槽内不被污染，将铜板下洗槽煮去铜绿后及时用干布擦干，再用砂纸或钢刷打掉氧化铜，至铜板光亮为止，用干布打扫铜板表面的尘屑，再在铜板表面抹上一层均匀稀薄的机油。

2）装配。将槽间导电铜板装配就位，注意同一列的各槽间铜板的搭口必须在同一直线上。

（2）阳极准备与装槽。按计划数准备。

1）新阳极。下洗槽煮去导电头处的铜绿，擦干，打亮，抹上均匀、稀而薄的油；平直板、棒，消除塌腰，上绝缘套，装槽，调匀极距。

2）旧阳极。先剔除接触烧损，有缺陷不能使用的阳极，下洗槽煮去铜绿，铲净阳极泥，平直板、棒，消除塌腰，缺套的上好绝缘套，擦亮导电头，打上均匀、稀而薄的油，装槽，调匀极距。

B 运转各岗位准备操作规程

运转各岗位准备操作规程主要是：

（1）清扫空气冷却塔、混合液溜槽、分配溜槽、供液溜槽、电解槽、废液溜槽、地槽、集液槽等设备内的污物、垃圾，清除积水。

（2）灌液。用电解废液灌满全部电解槽、废液循环槽等设备。

（3）空循环（即没有通电，不带生产负荷）。空循环时旧阳极浸泡24h，新阳极浸泡72h，即启动循环泵，使电解废液由集液槽经循环泵、空气冷却塔、电解槽进行循环。

C 通电投产操作规程

通电投产操作规程主要是：

（1）通电2～3d前，全体操作人员就位。

（2）通电2～3d前，水、电、风（空气）、汽（蒸汽）开通，同时将洗槽水冲开。

（3）通电2～3d前，新液、骨胶、碳酸锶、吐酒石等原辅材料到位，并在空循环时向每列电解槽内加底胶20kg左右。通电前1h，按规定加入碳酸锶。

（4）通电2～3d前，设备、工具、用具等齐备、良好。

（5）阴极板准备与装槽。按计划数量将阴极板进行煮、洗、平、刷，确保导电棒与挂耳平直，板面光亮，不塌腰，导电头擦亮，分4～5堆排放在电解槽上一端。擦亮母线紧固螺丝，清理绝缘缝。

（6）在每个电解槽内同一位置装阴极板6～8片，确保电路接通，绝不可断路或短路。

（7）当槽内电路接通后，立即通知整流所送3000～4000A左右电流。

（8）当比重岗位的电器仪表已显数，电解槽内出现反应时，电解工序立即将其余的阴极板装入电解槽内。再将电流升至计划定额，即转入正常操作的生产运行。

D 停槽操作规程

停槽操作规程主要是：

（1）接到停产指令后，电解各岗位人员全部到位。

（2）首先通知整流所降电流，保持3000A左右，然后电解槽内同一位置保留6片板，立即将其余析出锌阴极板取出，杜绝断电，确保电路畅通。

（3）然后通知整流所拉闸、断电。电解岗位立即将每槽内剩余的6片析出锌阴极板取出，停槽完毕，剥离锌片，处理遗留问题。

3.6.5 电解工序的安全文化

3.6.5.1 电解工序的安全生产隐患

电解工序的安全生产隐患主要是：

（1）电解工序可能存在的主要危险源有有毒有害气体、机械碰撞及转动伤害、起重设备、电解槽、高处作业等。

（2）电解工序可能导致事故发生的主要原因有设备设施缺陷、技术与工艺缺陷、防护装置缺陷、作业环境差、规章制度不完善和违章作业等。

（3）电解工序可能造成事故的主要类别有机械伤害、起重伤害、淹溺、触电、噪声等。

（4）电解工序可能出现安全生产隐患的主要因素有：

1）锌阴极整板机等机械设备的转动部件，由于缺乏安全防护装置而引发的机械伤害事故。

2）起重机械未设置过载限制器、防撞装置、轨道极限限位安全保护装置等安全装置，从而导致的起重伤害事故。

3）起重机械用的钢丝绳断裂，吊物坠落引发的吊物伤人事故。

4）斜梯、操作平台未设置安全防护栏，可引发人员高处坠落事故。

5）电解生产中产生酸雾，工人未进行劳动防护，造成职业伤害。

6）槽面作业时，可能发生工人落入电解槽中，造成淹溺事故。

7）变压器、整流机组可能发生火灾、爆炸事故。

8）工人在电解车间不正确使用金属工具，可能造成槽间短路，造成触电事故。

9）剥锌采用人工作业，工作噪声较大，长期作业易造成职业危害，严重时会造成职业性耳聋。

3.6.5.2 电解工序的安全生产预防措施

电解工序的安全生产预防措施主要是：

（1）电解工序从业人员在从业前应接受岗位技术操作规程的培训，了解其作业场所和工作岗位存在的危险因素、防范措施及事故应急措施。

（2）电解工序从业人员在作业过程中，应当严格遵守本单位的安全生产规章制度和操作规程，服从管理，正确佩戴和使用劳动防护用品。

（3）进入车间者严禁喝酒、追逐嬉闹，严禁在槽面上吸烟、用明暗火，以防跌倒、析出氢气遇火爆炸伤人。

（4）电解车间严禁烟火，照明灯具离槽面3m以上，注意碰裂或酸雾汽熏自爆，以防起火触电伤人。

（5）电解工序从业人员发现事故隐患或者其他不安全因素，应当立即向现场安全生产管理人员或者本单位负责人报告。

（6）电解工序从业人员发现直接危及人身安全的紧急情况时，有权停止作业或者在采取可能的应急措施后撤离作业场所。

(7) 特种作业人员（电工、焊工、装载机司机、起重机械司机、空压机工、锅炉工等）必须经培训后取得特种作业操作资格证书后方能上岗。

(8) 起重机械应定期进行安全检查，确保设备完好，安全装置齐全有效。起重机作业时应有专人指挥协调。

(9) 锌阴极整板机等设备裸露的转动部分设置安全防护装罩或防护屏，防止机械伤害。

(10) 搬运阴、阳极板和堆放周转板时，车辆停稳，上下车要踩稳递实，不准随车押运，搬运稳妥，堆码牢固，摆放斜度以80°左右为宜，堆、摆放量要适中，以防滑落跌倒伤人。

(11) 槽面作业要严格遵守作业规程，防止踩空落入槽中。

(12) 直梯、斜梯、栏杆及平台的制作符合《固定式钢直梯和钢斜梯安全技术条件》(GB 4053.1～4053.2)、《固定式工业防护栏杆安全技术条件》(GB 4053.3)、《固定式工业钢平台》(GB 4053.4) 的要求。

(13) 作业场所危险区域内设置安全警示标志。

3.6.5.3 电解工序的职业卫生防护措施

生产中原料、添加剂及产品等职业危害较小，主要存在剥锌作业噪声和酸雾的防护。

剥锌作业噪声的防护措施是：

(1) 加强个人防护和健康监护。

(2) 限制作业时间和振动强度。

(3) 为剥锌工人配备隔音耳塞。

阳极反应放出的大量氧气在逸出电解槽槽面时带走电解液形成酸雾，危害人的健康，对车间的设备及天花板也有腐蚀作用。因此，要防止酸雾的形成。车间酸雾防护措施是：

(1) 向溶液中添加皂角或丝石竹根，在电解液表面形成稳固的泡沫层，这是防止酸雾形成的良好办法。

(2) 加强车间通风，降低槽面酸雾浓度。

(3) 正确佩戴和使用劳动防护用品。

3.6.5.4 电解工序的安全生产操作规程

A 开停槽安全操作规程

开停槽安全操作规程是：

(1) 通电开槽时全部槽子调配盛满溶液，各列每槽所装极板一致，检查循环池槽溶液畅通，冷却塔循环正常，槽面清理完毕，无泄漏、无站人、无短路，必须在确认系列内全部形成电通路，方可通知整流室送电。

(2) 停电前先将电流逐步降至最低极限，各列每槽所留极板一致，保持电路畅通，每个槽内溶液持平，禁止断电前提出循环回路极板，以防短路起火。

(3) 如遇临时突然停电超过20min时，应组织人员尽快迅速将阴极板提出，操作时尽量不得污染，竖摆斜度以80°为宜。

(4) 停电后来电时，抹净铜桩，冲净铜夹，严禁冲洗带析出锌的极板。各列每槽相互一致，先插上3块以上，保证电路畅通，方能送电继续插板。一旦发现极板上析出锌发黑、受污染或返溶严重的，不准插入，尽量剥去残锌或返溶。

（5）停电后来电插板时，操作中尽量轻巧稳准，不得擦出火花，以防触电伤人。

（6）在槽上落板或暂时放置必用金属物品时，不可跨槽相连，以防发生短路。一旦发生槽间短路，应迅速除去短路物。

（7）严禁一切导电物将列与列或正负母线连接而造成短路。一旦发生短路故障，应迅速用绝缘物将短路断开，并立刻向主任和整流室报告。

（8）所用导电物件和工具，禁止在列与列之间横拖，防止造成列与列之间短路起火。

B 巡槽安全操作规程

巡槽安全操作规程是：

（1）检查槽面、循环池槽、冷却塔、调配溶液时，必须穿戴好绝缘性能良好的乳胶手套、雨鞋后，方可启动电柜按钮和设备，以防触电伤人。

（2）随时调配好溶液，清理流槽管道，保持每槽溶液平衡稳定，槽温平衡，酸锌比相应平衡。发现槽内漏、漫液和废液管堵塞、废液池漫液，应及时报告值班领导和主任，迅速采取有效措施处理，以防断液、短路、起火、触电伤人。

（3）发现返溶突出、酸雾较浓、升降电流频繁时，既要查找原因，采取有效措施，又要及时向有关领导报告，以防起火伤人。

（4）巡槽人员不得靠、坐在电解槽母线板、栏杆、周转板、平台上。上下槽、穿越窄道和上下楼梯应看准、踩稳、扶稳，防止滑跌伤人。

（5）调制辅料溶剂和添加辅料时，严格执行操作规程，按槽面运行情况酌情添加，加入循环槽或逐槽添加要轻倒慢行，适量均匀，提拿稳妥，适度弯腰，以防飞粉溅液伤人。

C 剥锌安全操作规程

剥锌安全操作规程是：

（1）提板出槽时应集中精力，相互配合协调，上下槽看准走稳，防止相撞、滑倒、触电伤人。

（2）出槽提板要准、要直，板下边要高出槽面10cm以上，不准斜提拖拉，与人保持一定距离，不准带液、锌粒拖掉淋在阴阳极间或铜桩上，防止短路起火或触电伤人。

（3）剥锌时竖稳极板，掌握好挥锌刀幅度，握紧锌刀，平拍击动作要稳、准、轻，严禁竖拍，尽量避开两侧，相互照应避让，保持一定距离，以防锌刀、飞溅渣液伤人。

（4）提换极板时，放置竖稳，提拿把稳，注意洗板刷把往回移动幅度，相互避让，以防滑落、碰撞伤人。

（5）装入板时要直插入准，不准斜插脚踩或用锌刀撬开铜夹硬入，铜夹与铜桩咬紧，阴阳极板不相抵触，间距合适，以防碰撞、触电伤人。

（6）提装槽时要逐块进行，不准跳跨提装，不准横拖直拉，不准随意放置锌刀，以防短路起火、触电伤人。

（7）拾称锌片人员要注意避让，抓紧拿稳锌片，拖运码齐，拾丢准确，打扫干净零碎锌片颗粒，以防划刺、滑倒、溅液伤人。

（8）抹洗铜桩者提放洗液要稳，动作敏捷麻利，会避让站离，抹布洗液要拧净，不准泼落洗液入槽，以防相撞、跌倒伤人。

(9) 如不小心溅液入眼睛里，要紧闭双眼，立即用清水冲洗净，用洁净毛巾擦干，以防溅液灼伤人。

D 洗平板安全操作规程

洗平板安全操作规程是：

(1) 上下板时要眼观四方，动作协调配合他人，拆铜夹后迅速避开。翻板注意上下、左右障碍，以防碰撞头部伤人。

(2) 洗板前后、左右刷时，注意四周，把握好刷把幅度，边洗边用木槌头平板时相互配合避让，互不阻拦，以防相撞、锤头飞出伤人。

(3) 提换堆竖板时要堆稳放好，竖堆齐整，互不阻拦，方便快捷，动作协调，以防滑倒、撞击伤人。同时，用锌刀铲尽极板上残留的析出锌，使极板平整干净。平板铲锌不得对人，防止锤头、锌片飞出伤人。

(4) 使用蒸汽时，要仔细检查蒸汽管道汽阀开关，握稳高压胶管喷头，不准对人。使用时一人负责开关，控制蒸汽大小，另一人站拿稳喷头，对准铜夹喷吹洗净，以防跌倒、喷汽管甩动伤人。

(5) 开蒸汽时先慢慢放开蒸汽阀门，待冷凝水放完后再调节大小，禁止把蒸汽管口对准人，旁人尽量避让开一定距离，以防误伤人。

(6) 清洗母线时，要小心稳妥，踩实走稳，把握好蒸汽管头，不准接触槽外物件，特别是易导电物体，以防喷汽触电伤人。

(7) 清理更换出的废板要及时堆码好，现场堆码的废板要整齐规范，一般不得超过30片/堆，摆放斜度以80°为宜，不得阻碍通道。

E 校板安全操作规程

校板安全操作规程是：

(1) 装槽完毕，认真仔细地逐列逐槽校正阴阳极距，调紧铜桩铜夹的咬口，清理出每槽遗留物品，特别是易导电金属棍棒，以防事故伤人。

(2) 校板时尽量使用绝缘木条拨弄，清扫净阴阳极间夹杂物和碎锌粒，严禁用锌刀或金属物件，以防短路产生电弧火花伤人。

(3) 检查完槽面同时要认真检查四周和槽下，以及整个循环、冷却系统，若发现短路应及时用绝缘物将其断开，发现漏液、漫液应及时处理好，通知巡槽岗位加强观察报告，以防触电伤人。

(4) 校板者严禁吸烟或携带火源物，以防析出氢气遇火爆炸起火伤人。

(5) 校板和清除杂物时，踩实走稳，上下楼梯扶稳走好，鞋子和手套应绝缘性好，以防跌倒触电伤人。

F 刷板安全操作规程

刷板安全操作规程是：

(1) 启动前应检查刷板机各部位是否有障碍物，电路、油杯、刷轮、钢绳夹、轴承、盖板、各按钮是否完好，经确认无误后方可启动。

(2) 操作时要人机配合，待钢绳勾停稳，方可站在两侧勾挂取板，勾取牢稳，以防失衡跌撞伤人。

（3）操作中刷板机发生故障或极板断棒脱落，应停机进行检查处理。

（4）禁止用金属物或湿手接触电器按钮，以防触电伤人。

（5）检修焊接刷板机部件时，应将机内铝灰除净，并用铁板或铝板把电机隔开，备好灭火器材，方可焊割作业，以防起火伤人。

G　掏槽安全操作规程

掏槽安全操作规程是：

（1）提前通知整流室，双方配合，切断电源，悬挂警示牌，专人守护，方能进行，防止意外伤人。

（2）准备好舀液、挑运的必备用品，提堆极板规范，平错位堆放高度30片/堆，摆放斜度以80°为宜，以免滑落、碰撞伤人。

（3）掏槽打液人员要站好自己位置，以防相撞、滑倒、掉进电解槽内伤人。

（4）溶液提完入槽铲泥者与槽上人员要相互配合，勾提稳妥，不准东张西望，以防溅淋液伤人。

（5）极板和溶液一槽翻另一槽时，各自站稳踩实，相互避让，以防相撞，跌倒伤人。

（6）阳极板上敲下的阳极泥和掏出泥浆时，要勾挂牢实，挑运平稳，踩实走好，倒放到指定矿场上，以防滑倒、溅液伤人。

（7）掏槽完毕，清理好场地工具杂物，拉线摆放好阳极板，调好极间距，擦净铜桩，调配平溶液，正常循环起来，洗净阴极板，各列每槽相一致插下阴极板，确保电路畅通，方能送电继续插板。

（8）每次敲板掏槽时，都要认真检查各列每个槽子，清理冲净槽下各种结晶杂物，以及溶液循环系统沟槽管道，以防漏电损失和伤人。

（9）每次清理溶液循环池时，出进小心，铲装搬运结晶物稳妥，传递、挑运看准走好，以防滑倒、跌落、溅液伤人。

（10）每次清理冷却塔桶内壁结晶物或管道、泵站时，都要悬挂警示牌，装卸把稳，敲击适中，清运稳妥，上下拉稳，出进走好，以防滑落、爆管、残液喷溅伤人。

（11）每次更换电解槽体时，彻底清除旧槽内溶液残物，掏出槽与槽间夹衬物，先抬出旧槽再安放新槽，全过程要稳妥进行，以防碰撞、跌倒、滑落、飞溅液伤人。

H　冷却塔运转安全操作规程

冷却塔运转安全操作规程是：

（1）启动风机时，清除各种障碍物，检查确认正常，禁止湿手或金属物触摸按钮，以防甩脱、触电伤人。停止风机时，注意观察扇叶、电机、电柜，发现异常应及时报告处理，以防发生意外。

（2）清理冷却塔喷淋管道时，先停电悬挂“严禁合闸”警示牌，以防意外伤人。

（3）清理溜槽、进出管道、防雾层时，上下楼梯，看准走稳，踩实扶好，以防滑跌、飞溅液伤人。

（4）严禁用水冲洗电机，清掏泵管要干净，以免增加负荷和漏电损伤。

（5）平常运行中，要勤检查、勤观察、勤维护、勤检修，以防螺帽松脱、扇叶摇动、甩脱和飞溅物伤人。

3.7 熔铸工序

3.7.1 熔铸工序的主要目的

3.7.1.1 熔铸工序的生产过程

熔铸的过程就是将阴极锌片在工频感应电炉内熔化并浇铸成最终产品金属锌锭或合金产品的过程。具体过程为：在进料熔化前，应先将阴极锌片吊运到进料翻板上，预热脱水。进料时，每批最好不超过15cm厚，以保持炉温与熔池锌液液面的稳定，提高热利用率及保护设备和防止“放炮”。进料时，还应特别注意防止铁工具、铝片或阴极导电片等掉入炉内，避免污染锌液。为使锌渣分离，减少浮渣量，进料时，要将少量氯化铵间断地加入炉内。在搅拌扒渣之前，还要加入适量氯化铵，做到边搅边加，使黄红色的松散浮渣浮在熔池表面。一般每隔2h进行一次搅拌扒渣。扒渣时，要求动作轻且慢，扒到炉门处，使浮渣稍停一下，以减少锌液随同浮渣带出。每次扒渣时，要留有1~2cm厚的渣层，保护锌液不被氧化。扒出的浮渣送去进行浮渣处理。锌液浇铸时不要溅洒在模外。当锌液浇满铸模时，应立即用木耙迅速扒去表面的氧化层（俗称“扒皮”）。扒皮动作要快而稳，一次扒净，并尽量减少锌锭上的飞边毛刺，保证锌锭物理规格符合产品标准的要求。

3.7.1.2 熔铸工序的主要目的

熔铸工序主要达到以下目的：

（1）保证进料熔化前阴极锌片预热脱水。

（2）保证每批进料不超过15cm厚，以提高热利用率、保护设备和防止“放炮”。

（3）间断加入一定氯化铵，以保证锌渣更好分离。

（4）认真扒渣“扒皮”，保证锌锭质量。其锌锭质量符合GB470规定，成分见表3-16。

表3-16 锌锭的化学成分

牌　号	化学成分（质量分数）/%				
	Zn	Pb	Fe	Cd	Cu
Zn-0	99.995	0.003	0.001	0.001	0.001
Zn-1	99.99	0.005	0.003	0.002	0.002

其物理规格要求为：锌锭表面不允许有熔洞、夹层、浮渣及外来夹杂物，但允许有自然氧化膜、锌锭单重为20~25kg，每块锌锭面有批号，底部有商标。每块锌锭一端或一侧应有不易脱落、鲜明的牌号。

3.7.1.3 熔铸工序的预期效果

熔铸工序的预期效果是：

（1）锌直收率大于96.0%。

（2）熔铸电耗小于110kW·h/t。

（3）氯化铵单耗为1.0~1.3kg/t。

3.7.2 熔铸工序的工艺流程

电解所得锌片，因运输不便，必须进行熔化铸锭后才能出厂。其过程是锌片在炉内加熔剂（NH_4Cl）熔化，然后在铸模内铸成锌锭。熔铸工艺流程如图3-42所示。

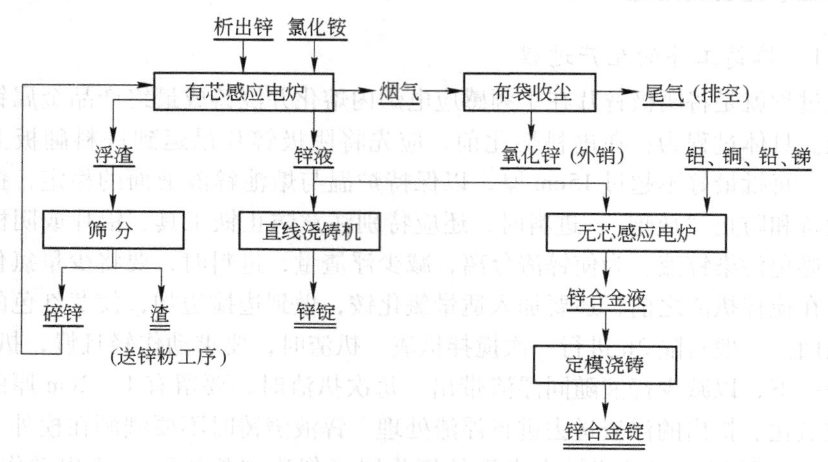

图3-42 锌熔铸工艺流程

3.7.3 熔铸工序的生产原理

3.7.3.1 熔铸时加氯化铵的原理

阴极锌熔化时由于带入的少量水分，炉门进入的少量空气及燃烧废气的存在，因而锌的氧化不可避免。

$$Zn+H_2O = ZnO+H_2$$

$$Zn+\frac{1}{2}O_2 = ZnO$$

$$Zn+CO_2 = ZnO+CO$$

由此，形成的ZnO包裹一些锌粒，就成为浮渣，其中锌的质量分数约85%，浮渣中的ZnO膜在熔化时阻止锌粒的聚合。

减少浮渣的办法是加入NH_4Cl。

$$2NH_4Cl+ZnO = ZnCl_2+2NH_3+H_2O$$

形成的$ZnCl_2$熔点为318℃，使ZnO膜消失，从而使锌粒露出聚合成锌液。

3.7.3.2 配制锌合金元素的原理

锌具有较好的耐腐蚀性能和较高的力学性能，常用于制造镀锌铁板，保护铁板不锈蚀。为提高锌板的性能常加入各种合金元素，其中主要有镉、铅、铁、铝、铜、镁、钛等。各种合金元素的作用为：

（1）铅。铅在锌中不固溶，多以游离状态质点存在于锌中。在电池锌板和印刷锌板中常加入0.3%～0.8%的铅，使锌板的均匀酸蚀速度加快。

（2）铁。铁与锌在419℃形成共晶，此时铁的质量分数为0.01%；当铁的质量分数高于共晶点时，铁与锌形成脆性金属间化合物$FeZn_2$，使锌板的表面质量降低；当铁的质量分数达到0.2%时，锌热轧困难。铁会使锌的再结晶温度明显提高，因此，锌板常将铁的质量分数控制在0.01%～0.015%范围内，使再结晶温度在100℃以上，防止锌板退火软化报废。铁使锌在浇铸时的流动性降低，铸锭表面质量变差。因此，铁的质量分数应在0.02%以下。为了提高电池锌板的耐蚀性，铁的质量分数应控制在0.008%～0.015%范围内。若铁的质量分数超过0.02%，将在合金中出现$FeZn_2$初晶，使电池锌板的耐蚀性明显降低。

（3）镉。少量的镉可提高锌的抗拉强度、屈服强度和再结晶温度，防止锌在浇铸时产生粗大的粒状晶。镉的质量分数达0.3%即会降低锌的热轧性能，产生热裂及斑点。

（4）铜。铜可提高锌的硬度、强度和冲击韧性，但会降低锌的耐腐蚀性能和塑性，并影响浇注时的流动性。

（5）铝。锌中加入少量的铝可提高强度、细化晶粒。加入0.02%的铝即可减少锌的氧化，提高铸锭表面质量；0.1%的铝足以抑制脆性化合物$FeZn_2$的形成，改善塑性，并减轻锌对铁模的侵蚀。锌中加入较多的铝可以使锌的强度和冲击韧性明显提高。锌铝合金在湿空气中，水汽可渗入晶间引起晶间腐蚀，铅、锡、镉等杂质可使此种晶间腐蚀加速。若加入少量镁则可抵消铅对锌铝合金的有害影响，使晶间腐蚀减缓。锌铝铜合金易产生晶间腐蚀，杂质铅、锡、镉使晶间腐蚀加速，所以熔炼铝铜合金时应选用优质原料，严格控制杂质含量。镁可减缓锌铝铜合金的高温塑性。

（6）钛。钛在锌中的固溶度很低，309℃时只有0.007%～0.015%。钛可使锌的晶粒细化并生成$TiZn_{15}$强化弥散细粒，使合金的硬度、强度、蠕变强度和再结晶温度明显提高。

3.7.3.3 熔铸设备工作原理

阴极锌的熔化通常采用工频感应电炉。直接熔化铸锭使用有芯感应炉，合金制作使用无芯感应炉。

A 有芯低频感应炉工作原理

低频感应电炉熔铸的实质是利用电能转变为热能，使阴极锌加热熔化后进行铸锭。应用变压器的原理，当电炉感应加热器的一次绕组（铜线）通电时，二次绕组（锌环）产出强大的感应电流，从而使二次绕组（锌环）产生大量的热量，将析出锌加热熔化。

低频感应电炉分为感应器整体结构和感应器装配结构两种，由炉体、电气设备、冷却系统三部分组成。炉体包括炉壳、炉衬、感应线圈等；电气设备主要有供电变压器、烤炉变压器、提高电炉功率因数用的电力电容器以及各种开关、接触器、电压表、电流表、电缆等；冷却系统包括风冷或水冷的线圈与水冷套，以及炉壳水冷系统等。感应电炉的结构如图3-43所示。

有芯低频感应电炉具有热效率高、电效率高、金属烧损少、炉温易控制、化学成分易掌握、炉温均一、劳动条件好等优点。电源设备由于采用工频电源，不需变频设备，仅需电炉变压器即可，但筑炉工艺复杂，更换产品品种时需要洗炉。经过多年实践，筑炉工艺已日趋完善，由于采用了单向流动的不等截面熔沟、高温预烧结成型熔沟、可拆卸活动熔沟等筑炉新工艺，使感应电炉的寿命大大提高，炉子的容量多为40～60t。

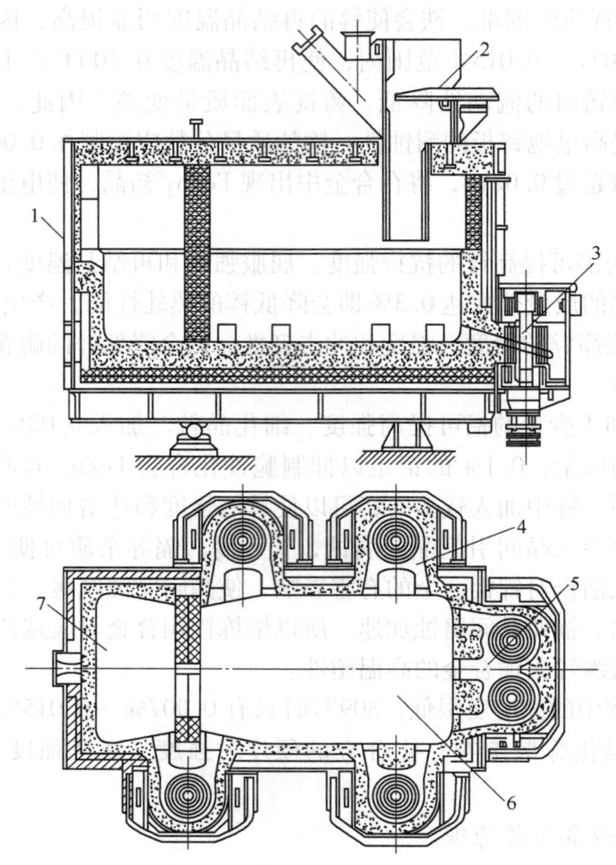

图 3-43 有芯低频感应电炉的结构

1—炉壳；2—加料翻板；3—变压器；4—单芯线圈；5—双芯线圈；6—熔池；7—前室

B 无芯感应电炉工作原理

无芯感应电炉是自热式电炉，靠炉料本身发热熔化，没有外来污染源，所以熔炼的合金纯净，非金属夹杂物少，合金的温度也较低，金属熔池的氧化损失少。在电磁力作用下，熔融金属在炉内强烈搅拌，使合金的成分均一，温度也均匀，不至于局部高温过热，同时炉子的效率高、熔化迅速、生产率高、占地面积小，可以迅速准确地在较大功率范围内进行调节，并可在真空或特殊气氛（如氩气）保护下熔炼；劳动条件好，是一种有广泛用途的熔炼炉。它的主要缺点是设备复杂，价格昂贵，需用大量功率因数补偿电容，总效率低；熔渣温度较低，使熔渣对金属的精炼作用削弱；对操作人员要求较高的熟练程度。

无芯感应电炉主要由炉体、水冷却系统及供电系统 3 部分组成。其中炉体包括框架、感应线圈、坩埚、炉体倾动装置等。无芯感应电炉另有导磁轭铁。炉体框架用非磁性金属材料、经石蜡处理的方木和石棉水泥板制成，将位于四角的 3 根垂直角铁连成一体，并互相绝缘，使炉体框架在任何方向上都不能形成回路。感应炉有一组轭铁，既可支承感应线圈，又可使炉体加固；感应线圈通常用紫铜矩形管绕制成螺旋状，然后在紫铜管外面包裹玻璃丝布，刷上绝缘漆，并在线圈之间垫上云母片。感应线圈通常用循环水冷却，使线圈不致因电流大、炉温高而将绝缘击穿、烧坏。因此，出水温度应控制在 35 ~45℃；无芯感应电炉的倾动机构多为油压缸，但也有用卷扬机及其他起重装置的；无芯感应炉所用的导磁轭铁，用0.35～0.45mm厚的硅钢片叠制而成。一般为8个，分布在感应线圈的外面，使磁力线均匀分布。感应线圈产生的磁通绝大部分通过轭铁，使漏磁损失减少，防止炉体框架或其他金属构件发热。

3.7.4 熔铸工序的操作规范

3.7.4.1 600kW/35t低频感应熔锌炉岗位操作规程

开炉操作规程是：

（1）从炉顶及炉门等适当位置插入柴油烧嘴，先开小火，加木柴，将炉膛温度控制在380℃以下24h。

（2）加大火将底锌全部熔化，在此过程中，注意清除锌渣及灰烬，别让锌渣及灰烬流入熔沟口，堵塞熔沟。

（3）吊开炉盖，利用特制的工具从其他化锌炉子或底锌中舀出干净的锌水注满熔沟。

（4）熔沟注满后，从其他的化锌炉中取出约10t锌水倒入整个熔池，直到将感应器喉口淹没200mm左右。

（5）感应体最低档送电（100V），测量各电气参数，并稳定一段时间，然后将调压器调到（150V）一档送电，测量各电气参数，并稳定一段时间，然后将调压器调到（220V）一档送电，同时调节三相平衡，看炉温的变化情况，如升温则撤出烧嘴继续往熔池里加锌锭或阴阳极板，依此类推，直到加满熔池时感应器电压送到高功率档（380V，460V，500V）后，三相平衡电气参数稳定，便可转入正常投产。注意在此过程中，风机始终不能停电。

停炉操作规程是：

（1）确定要停炉时才停炉。

（2）停炉前先打开高位放锌口，将感应器电压调至最低档（100V），把锌液放入准备好的锌包中，直到没有锌液流出为止。

（3）停风机，断感应器电源，取出铁心、线圈。

（4）打开低位放锌口，将熔池内锌液全部放空，用冲击钻钻穿感应器底部熔沟，将熔沟内锌液放空。

3.7.4.2 熔铸进料（加片）岗位操作规程

熔铸进料（加片）岗位操作规程是：

（1）加片前了解各堆码锌片杂质，合理配制入炉锌片综合杂质。

（2）对入炉析出锌片进行检查，严防杂物入炉，影响产品质量。

（3）入炉锌片不得带水过多，需处理后才能入炉。

（4）锌片堆码整齐，高度不得超过850mm。

（5）一般每次进料厚度应控制在80～150mm，严禁进厚料。当料斗内的料尚未下去时，不得继续进料，注意保持料斗畅通。

（6）进料时，应同时均匀添加氯化铵。

（7）在加片过程中，防止锌水放炮或锌水落下伤人。

(8) 下班前搞好设备和区域卫生，并做好记录交好班。

3.7.4.3 熔铸扒渣岗位操作规程

熔铸扒渣岗位操作规程是：

(1) 扒渣前检查扒渣工具是否干燥，如有问题应采取烘烤和加固等相应措施。

(2) 打开炉门将适量氯化铵打入炉内，充分搅拌，静置片刻再细心扒出，注意渣桶不要装得太满（一般每桶不超过400kg），热渣应及时吊往捣渣房，扒渣完毕，及时封闭好炉门，渣锌应及时返炉。

(3) 扒渣时用力适当，不应用力过猛而造成浮渣、锌水飞溅伤人。

(4) 经常检查和观察炉况，防止结壳、氧化和炉温过高。

(5) 用吊车开炉盖炉时，炉子顶部要架临时安全格条，防止操作者掉入炉内。

(6) 在清炉过程中，防止清炉工具及其他杂物吊入炉内，以免影响锌锭质量。

(7) 下班前为下一班准备好渣桶和氯化铵，打扫所属设备和区域卫生，干净交班。

3.7.4.4 熔铸铸型机及扒皮岗位操作规程

熔铸铸型机及扒皮岗位操作规程是：

(1) 开车前检查。检查铸型机锌锭模有无脱位、电动推杆是否伸缩自如、针轮减速机是否有油、转动声音是否正常、锌勺是否漏锌、输油泵是否输油、锌锭模是否转动自如、锌锭模轨道是否完好、锌勺架车轮有无卡住。

(2) 开车。扒净前室的氧化锌渣，合上电源，开动主车，使锌锭模运转；用手动调节好一个锌锭模装锌水量后，进入自动取锌水；启动冷风机，使锌锭模进入冷却状态；严禁锌锭模转动部位被卡死而继续使用；严禁锌水温度未达到要求而强行用锌勺取锌水；严禁设备无油运转。

(3) 停车。关闭铸型机电源，将勺子留在锌水内，停冷却风机，擦抹铸型机（中途停车酌情处理）。

(4) 认真扒皮和修整脱模锌锭，做到无熔洞、无飞边毛刺、无夹渣、无冷隔层，每块锌锭重量控制在20~25kg。

(5) 及时清除大勺下所粘的锌，以免造成断勺或影响设备正常运行。

(6) 不得随意调节拉杆或松动轴承座等部件，应使用升降部位来调节舀取的锌水量（其他部位也应一次调好）。

(7) 控制炉内锌液面不低于正常水平，严禁踩勺子强行掏取锌水。

(8) 交班时，勺子、浇铸口、铸型机要清扫，擦抹干净。

3.7.4.5 码锭岗位操作规程

码锭岗位操作规程是：

(1) 开机前先要检查落锭辊道、辊道输送机及码锭垫是否完好牢固，发现问题应及时处理后方可码锭。

(2) 做好开车前准备，看清本班应铸的批号并按质检处的编号装上字码，剔除打有上班批号的锌锭，严防混批、错批。

(3) 码锭时应严格检查每块锌锭的物理规格、修整飞边毛刺、剔除不合格的锌锭，当锌锭上批号不清楚时，应立即用人工补打上。调整冷却风机，控制熔洞。

（4）锌锭从输送机端翻落码锭台时，眼睛要注意锌锭动向，落锭时不要伸手去搬锭，以防止锌锭伤手脚。

（5）码锭要及时，台上积存锌锭不得多于4块。

（6）锌锭堆码整齐，不可超高（每堆不许超过40块）。

（7）码锭完毕后，维护清扫运输带，以及打扫区域卫生。

3.7.4.6　熔铸电气岗位操作规程

熔铸电气岗位操作规程是：

（1）感应器送电程序。合上电源柜上的空气开关，合上操作台上的控制电流开关，启动冷却风机，接通主接触器。

（2）根据生产需要调整主回路油压和补偿电容，尽量使功率因数接近1.0，调整平衡电容，使三极电流平衡。

（3）按《有芯工频感应电炉》设备操作规程操作。

3.7.4.7　熔铸行车岗位操作规程

熔铸行车岗位操作规程是：

（1）开车前应仔细检查吊车各零件、部件、电气部分、防护保险装置是否完好可靠，控制器、制动器、电铃、限位器、紧急开关等主要附件是否失灵，确认完好后方可开车。

（2）运行时，看清情况，先响铃后启动，听从把吊人员指挥，不得自作主张起吊。落吊时做到稳、准、安全。

（3）吊运工作完毕后，应将控制器打至零位，断开电源，清扫电器设备卫生，并填写运行记录。

3.7.5　熔铸工序的安全文化

3.7.5.1　熔铸工序的安全生产隐患

熔铸工序的安全生产隐患主要是：

（1）熔铸工序可能存在的主要危险源有机械碰撞及转动伤害、高温、起重设备、高温金属熔体、感应熔炼电炉、厂内运输车辆等。

（2）熔铸工序可能导致事故发生的主要原因有设备设施缺陷、技术与工艺缺陷、防护装置缺陷、作业环境差、规章制度不完善和违章作业等。

（3）熔铸工序可能发生事故的主要类别有机械伤害、车辆伤害、起重伤害、灼烫、噪声等。

（4）熔铸工序可能发生安全生产隐患的主要因素有：

1）直线铸锭机等机械设备的转动部件，由于缺乏安全防护装置而引发的机械伤害事故。

2）起重机械未设置过载限制器、防撞装置、轨道极限限位安全保护装置等安全装置，从而导致的起重伤害事故。

3）起重机械用的钢丝绳断裂，吊物坠落引发的吊物伤人事故。

4）叉车等厂内运输车辆制动装置失效或制动不好，操作人员无证上岗、违章驾驶等造成车辆伤害事故。

5）感应熔炼电炉作业时产生高温，从业人员接触危险区域发生灼烫事故。

6）高温金属锌熔体浇铸时接触水分，发生喷溅，造成灼烫事故。

7）凝固后的金属锌锭仍处于高温状态，人员误接触可能造成灼烫事故。

8）金属锌锭在码垛过程中倒塌造成物体打击事故。

9）感应电炉电气线路未做好防护措施可能发生触电事故。

10）锌锭翻落时产生噪声，长期作业易造成职业危害。

3.7.5.2 熔铸工序的安全生产预防措施

熔铸工序的安全生产预防措施主要是：

（1）熔铸工序从业人员在从业前应接受岗位技术操作规程、安全操作规程的培训，了解其作业场所和工作岗位存在的危险因素、防范措施及事故应急措施。

（2）熔铸工序从业人员在作业过程中，应当严格遵守本单位的安全生产规章制度和操作规程，服从管理，正确佩戴和使用劳动防护用品。

（3）熔铸工序从业人员发现事故隐患或者其他不安全因素，应当立即向现场安全生产管理人员或者本单位负责人报告。

（4）熔铸工序从业人员发现直接危及人身安全的紧急情况时，有权停止作业或者在采取可能的应急措施后撤离作业场所。

（5）特种作业人员（电工、焊工、装载机司机、起重机械司机、空压机工、锅炉工等）必须经培训后取得特种作业操作资格证书后方能上岗。

（6）叉车、起重机械等应定期进行安全检查，确保设备完好，安全装置齐全有效。

（7）起重机作业时应有专人指挥协调。

（8）直线铸锭机等设备裸露的转动部分，设置安全防护装罩或防护屏，防止机械伤害。

（9）浇铸锌锭前要对铸模进行烘干。

（10）金属锌锭要堆放于安全区域，不得多层堆放，要设置高温等警示标志，避免无关人员进入。

（11）作业场所危险区域内设置安全警示标志。

3.7.5.3 熔铸工序的职业卫生防护措施

锌熔铸生产中影响职业健康的因素主要有高温、噪声等，采取的防护措施主要有：

（1）加强个人防护和健康监护。

（2）消除或降低噪声、振动源。

（3）消除或减少噪声、振动的传播。

（4）限制作业时间。

（5）为从业人员配备隔音耳罩或耳塞。

（6）加强车间通风降温，采取自然通风或机械通风。

3.7.5.4 熔铸工序的安全生产操作规程

熔铸工序的安全生产操作规程是：

（1）岗位人员应加强岗位检查及岗位操作，发现问题应及时处理，确保安全生产。

（2）冷却循环水泵发生故障时，水压低报警，电炉自动断电，岗位人员应及时启动备用水泵恢复供水；水泵无法启动时，岗位人员应立即将锌液全部倒入现场应急锭模，开启备用水箱阀门，使电炉自然冷却。

（3）操作人员应认真做好电炉日常检查维护，维修电工应做好电炉供电系统的专业点检工作。

（4）为防止电炉感应器漏锌对电缆沟形成的潜在隐患，放锌平台应设挡板，地坑内设挡墙，水冷电缆架、水管及外露电缆应用石棉布包扎，严格控制锌液面高度，防止跑锌事故发生。

（5）电调工操作应遵守电炉操作规程及电调工岗位操作规程。严禁脱岗、睡岗等违纪现象，认真做好岗位记录，如有漏锌、线圈超温和炉温超限等异常现象，应及时通知值班调度，降低电炉挡位或停电处理。

（6）低压配电室非计划停电时，电工及值班调度应及时按熔铸车间紧急停送电预案迅速完成联络电源切投工作，15min 内无法恢复送电，电炉操作人员应及时放空炉内锌液，开启备用水箱阀门。

（7）为提高电炉冷却水泵的备用系数，需考虑增设电炉一段和二段循环水泵联络电源，互为备用，操作人员应定期检查纯水箱及高位水箱水位情况，及时补水，做好水冷系统管线维护工作，做好动静密封点的动态管理工作。

（8）在更换水冷电缆时，关闭进水阀门，保持出水通畅，考虑到断水后线圈内将产生高压蒸汽，对线圈内壁造成损坏，有必要在出水管处增设排气阀，减小断水后线圈内蒸气压力，严禁同时关闭进出水阀门。

（9）电炉操作人员倾炉操作时，严禁炉体超限翻转，以免损伤水冷电缆，水冷电缆断头或胶管漏水时，应及时联系值班调度通知电工断电处理。

3.8 铜镉渣处理工序

3.8.1 铜镉渣处理工序的主要目的

3.8.1.1 铜镉渣处理的生产过程

铜镉渣处理的生产过程就是湿法炼镉过程，也就是直接用稀硫酸浸出铜镉渣得到硫酸镉溶液，再从硫酸镉溶液中提取镉的过程。

镉属于重有色金属之一，位于元素周期表内的第八族锌分类，在地壳中含量较少，大约为百万分之五。在自然界中，镉常与铅、锌硫化物伴生在一起，至今尚未发现有单独的镉矿床，因此，通常从伴生有镉的重金属矿冶炼过程中的副产品中提取镉。以硫化镉矿物存在于铅锌共生矿中的镉的质量分数在 0.01% ~0.7% 之间，经选矿之后绝大部分镉进入到铅锌精矿中。尽管镉及其化合物易挥发，但在锌精矿焙烧时，镉以 CdO 及 $CdSO_4$ 不挥发物存在于焙砂中，在焙砂浸出时与锌一起进入硫酸锌溶液中，在硫酸锌溶液净化时以铜镉渣的形式富集。

硫酸锌溶液净化产生的铜镉渣成分（质量分数）一般为 Cd 6% ~10%，Cu 1.5% ~4.5%，Zn 30% ~50%。我国某厂净化所产铜镉渣成分（质量分数）见表 3-17。

3.8.1.2 铜镉渣处理工序的主要目的

铜镉渣处理工序主要达到两个目的：

表 3-17 某厂净化所产铜镉渣的成分 (%)

元素	Zn	Cd	Cu	Co	Fe	As	Sb	Ni
含量	30～50	6～10	1.5～4.5	0.02～0.06	1～2	0.002～0.01	0.01～0.02	0.05～0.08

(1) 回收渣中有价金属。

(2) 降低镉对环境的污染。

3.8.1.3 铜镉渣处理工序的预期效果

通过对铜镉渣的综合处理，提高经济效益。

3.8.2 铜镉渣处理工序的工艺流程

镉的冶炼方法可分为火法、湿法和联合法。

湿法炼镉是目前镉生产中较为完善的方法，铜镉渣中含有铜、镉、锌等，其中，铜主要以金属及氧化物形式存在，铜镉渣直接用稀硫酸浸出得到硫酸镉溶液，再从硫酸镉溶液中提取镉。

铜镉渣采用湿法流程提取镉的主要工序有：铜镉渣浸出；置换沉淀镉绵；镉绵造液溶解；硫酸镉溶液净化；镉电解沉积和阴极镉熔化铸锭。因硫酸锌溶液净化流程不同，产出的铜镉渣成分也各有差异，所以提取镉的流程也有差别。

近几年来，一些工厂用较纯净的锌粉二次置换所得的较纯的海绵镉，不经电沉积，直接压团熔铸，成品镉铸锭中 Cd 的质量分数在 99.995% 以上，其流程如图 3-44 所示。

3.8.3 铜镉渣处理工序的生产原理

湿法炼镉是目前生产镉中较为完善的方法，有电积法与置换法两种工艺。我国湿法炼锌厂大部分采用电积法工艺生产金属镉，现将电积法的工艺情况介绍如下。

3.8.3.1 铜镉渣的浸出原理

用硫酸或者锌电积废液直接浸出铜镉渣，浸出在空气搅拌槽或机械搅拌槽内进行，先加入废电积液，再加入经球磨之后的铜镉渣，控制好铜镉渣浸出的液固比，浸出温度在 70～90℃之间。浸出过程的基本反应式为：

$$CdO+H_2SO_4 = CdSO_4+H_2O$$

$$Cd+H_2SO_4 = CdSO_4+H_2\uparrow$$

$$ZnO+H_2SO_4 = ZnSO_4+H_2O$$

$$Zn+H_2SO_4 = ZnSO_4+H_2\uparrow$$

其中有部分氧化铜按以下反应进入溶液中。

$$CuO+H_2SO_4 = CuSO_4+H_2O$$

在浸出过程中，为了尽可能地使镉进入溶液中，而且杂质（特别是铜）尽可能少地溶解以及少利用中和剂，浸出通常采用低酸浸出，有的生产厂家始酸控制在 10g/L 左右；有的分段控制，当酸度降至 5～4g/L 时加入软锰矿。当溶液含酸降至 1～0.5g/L 左右时，再加入适量的石灰乳中和残酸，使溶液 pH 值达到 5.2～5.4，这样就能使溶液中绝大部分砷随氢氧化铁和铜等杂质一起沉淀而被除去，也有少量的砷在浸出过程中以砷化氢气体逸出，因此浸出槽必须装置有强制排风的密闭罩，防止砷化氢进入操作场地。

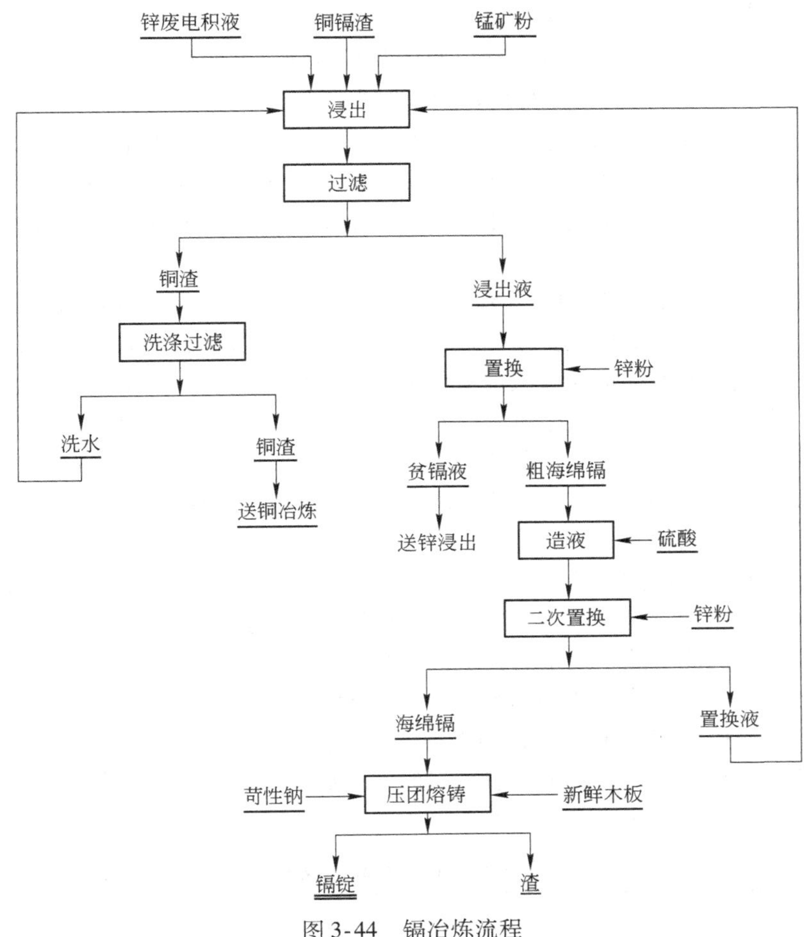

图 3-44 镉冶炼流程

经 4~6h 浸出之后，浸出所得的矿浆用框式压滤机压滤，滤液加锌粉置换沉淀海绵镉，压滤后的滤渣送往铜厂回收铜。铜渣成分（质量分数）为：Cu 20%~30%，Cd<1%。滤液成分为：Cd 8~12g/L，Zn 80~160g/L，Cu 0.01~1g/L，Fe 0.5~1.0g/L，As 0.02~0.1g/L，Sb 0.006~0.009g/L。

3.8.3.2 锌粉置换沉淀海绵镉原理

浸出铜镉渣后得到的含镉压滤溶液，含镉较低，含杂质较高，不能适应镉电积工艺的要求，必须进一步进行净化。用置换法使镉呈海绵镉沉淀析出，与其他金属如铁、锌等分离，其基本反应式为：

$$Zn+CdSO_4 = Cd+ZnSO_4$$

置换反应沉淀海绵镉的作业是将含镉溶液放入机械搅拌槽内，用蒸汽加热到 50~55℃，并进行搅拌，同时缓慢加入粒度为 0.149~0.125mm 的锌粉以析出海绵镉。置换过程进行至溶液含镉 10~50mg/L 后即可以结束。经压滤后分离出滤液（贫镉液）和海绵镉（一般含镉 60%~85%）。

加锌粉置换沉淀海绵镉时，锌粉的实际用量约为理论用量的 1.2~1.3 倍。为了防止锌粉氧化和镉的复溶，置换槽不能用空气搅拌。

置换所得的海绵镉，通常需经洗涤以减少其水溶物，从而提高镉品位。

3.8.3.3 海绵镉的溶解(造液)及净化原理

新鲜海绵镉在稀硫酸中的溶解速率比氧化镉慢，而且会产生大量的氢气，易引起爆炸和燃烧，因此，为了使海绵镉能尽量溶解，新鲜的海绵镉必须堆放7~15d，以使其在潮湿空气中自然氧化，或在干燥炉内加热干燥，使海绵镉氧化，从而减少溶解后的残渣（造液渣）含镉量。

经过氧化后的海绵镉含有70%~82%的镉，用镉电积后的废液或稀硫酸进行造液。溶解过程是在空气搅拌槽或机械搅拌槽内进行。如果造液用未经氧化的海绵镉，则不宜用空气搅拌槽，因未氧化的海绵镉与硫酸反应生成氢气且放出热量，如用空气搅拌，从空气中带入的氧与生成的氢混合易于发生爆炸。在海绵镉溶解时采用蒸汽加热，控制温度在85℃左右，溶解时间约为2~3h，当溶液酸度降至0.5~1g/L时，稳定30min酸度不继续下降，则表明海绵镉已基本上溶解完。然后加入适量的高锰酸钾，使溶液中少量的铁氧化为三价，形成氢氧化铁沉淀除去。

造液之后的矿浆经压滤，滤渣返回至浸出槽，与铜镉渣一起处理，或与海绵镉一起重新氧化。滤液必须净化除铜，合格之后方可送往镉电积。其方法是在机械搅拌槽内加入新鲜海绵镉，以置换沉淀溶液中残余的少量铜。其反应式为：

$$Cd+CuSO_4 = CdSO_4+Cu\downarrow$$

净化温度一般控制在50℃左右，如果溶液含铁仍然很高，则在净化之前加入少量的高锰酸钾，使铁再次氧化沉淀，经1h之后，净化后液可送往压滤。滤渣返回与海绵镉一起造液，滤液送往镉电积。滤液成分见表3-18。

表3-18 镉电积新液成分

(g/L)

厂别	Cd	Cu	Fe	As	Sb
1	200~250	≤0.0003	≤0.003	≤0.00024	≤0.002
2	180~220	<0.0003	<0.01	<0.01	<0.004
厂别	Co	Ni	Zn	Mn	Ag
1	≤0.15	≤0.15	30~40	>0.5	≤0.0003
2	<0.6	<0.2	<30	0.3~0.8	—

3.8.3.4 镉电解沉积原理

镉电解沉积过程与锌电解沉积过程相似，是以铝板作阴极，用纯铅或铅银合金（银的质量分数为1%）板作阳极。电积液是硫酸镉溶液。在电积槽内当向电积液通以直流电后，溶液中带正电的镉离子在阴极表面上放电析出金属镉，同时在阳极上有氧气逸出，其离子反应式如下：

阴极 $$Cd^{2+}+2e = Cd$$

阳极 $$H_2O-2e = 2H^++\frac{1}{2}O_2\uparrow$$

镉电解沉积过程总的反应式为：

$$CdSO_4+H_2O = Cd+H_2SO_4+\frac{1}{2}O_2\uparrow$$

镉电积液含杂质的多少影响到电流效率和电镉产品质量，一般含锌不应超过40g/L。

具体操作条件选择如下：

（1）镉新液的加入方式。镉新液的加入方式有连续与间断两种。间断加入方式为定期（24h）加入一定量的新液，同时抽走一定量的废电积液，但电积过程中镉电积液连续循环，此种方式为大多数厂家采用。连续加入方式则要把镉电积槽布置成阶梯式，新液连续加入第一阶段的槽内，经电解沉积后又自然流至下一级电解槽内，废电积液自最后一级电积槽内流出，并连续送至废液储槽内。

（2）电流密度。通常采用低电流密度进行镉电解沉积，一般为60～90A/m^2，但也有高达110～220 A/m^2 的。电流密度大，容易在阴极上生成树枝状镉，产生短路降低电流效率，并使阴极镉质量降低。

（3）电积液的温度。一般控制在25～33℃，温度过高，阴极镉复溶量大，从而降低电流效率；温度过低，电积液的电阻增大，也不利于镉电解沉积。

（4）析出周期。析出周期通常为24h，也有16h或48h的，取决于电流密度和电积方法。

（5）槽电压。通常为2.4～2.5V，在定期加入新液时，开始的槽电压高达4V，经过一段时间之后降至2.5～2.6V。

（6）同极中心距。同极中心距一般为100mm，也有75mm的。澳大利亚里斯顿厂采用旋转阴极，阴极间距达220mm。

3.8.3.5 析出镉的熔化铸锭原理

析出镉要预先烘干后再放入铁锅内熔化铸锭。通常熔化温度为400～550℃。在熔铸时，为了防止镉的氧化和挥发，在熔融镉的表面上覆盖一层苛性钠（纯碱），加入纯碱还可除去镉中少量的杂质锌，其除锌反应式为：

$$2NaOH+Zn = Na_2ZnO_2+H_2\uparrow$$

铸锭前锭模温度应加热到100～120℃，并用石蜡涂模，铸锭时为了防止表面缩孔和气孔的产生，镉锭表面覆盖的碱厚度为5～10mm。

镉锭的化学成分应符合YS/T 72—2005中一级品（Cd的质量分数不低于99.99%）或精一级品（Cd的质量分数不低于99.995%）的要求。同时，镉锭表面光滑，有较粗的结晶花纹，无飞边毛刺、缩孔及夹渣。锭重6.5～8kg，若需铸成镉棒，棒重(1±0.1)kg。

3.8.4 铜镉渣处理工序的操作规范

3.8.4.1 铜镉渣处理工序通用操作规程

铜镉渣处理工序通用操作规程是：

（1）岗位操作人员上岗前应穿戴好劳动保护用品。

（2）操作人员应随时掌握岗位所属设备性能，定期检查和加注设备油料。

（3）岗位所属设备出现异常应及时向班组或车间汇报，积极协助相关人员进行处理。

（4）当班出现的设备及其他相关问题应如实向接班人员交代。

（5）随时做好岗位所属设备、工作场地的清洁卫生工作。

（6）认真做好交接班记录。

3.8.4.2 调浆岗位操作规程

调浆岗位操作规程是：

（1）上班时认真检查机电设备运转是否正常，润滑油是否充足，管道是否畅通，调浆液是否充足。

（2）接到上料通知后打开调浆液，启动设备开始上料。

（3）随时保持与浸出岗位联系，严格按照浸出岗位的要求上料。

（4）接到停料通知后，停止上料。继续用调浆液冲洗调浆槽和管道，然后关闭调浆液，停止运转设备。

（5）生产结束后清理设备和场地卫生，做到设备无油污，场地无杂物。

3.8.4.3 浸出岗位操作规程

浸出岗位操作规程是：

（1）检查管道是否畅通，设备是否完好，润滑油是否充足。

（2）待一切正常后泵入 40 ~ 50m^3 废电解液，启动风机和搅拌机，通知调浆岗位开始上料。

（3）上料过程中随时与上料岗位保持联系，严防冒罐。

（4）当 pH 值到 1 时通知上料岗位停止上料，打开蒸气阀开始升温。

（5）当温度升至 85℃以上后，继续搅拌 1h 后，按规定加入锰粉。

（6）继续搅拌 1 ~ 1.5h 后，停止搅拌，取样分析锌、铜、锑含量。

（7）一切结束后清理场地和设备，通知地槽岗位转液。

3.8.4.4 沉铜岗位操作规程

沉铜岗位操作规程是：

（1）检查设备是否正常，润滑油是否充足，管道是否畅通。

（2）一切妥当后，泵入 70 ~ 80m^3 的浸出压滤液，打开蒸气阀开始升温。

（3）当温度升至 60 ~ 70℃后，停止加温，启动搅拌机，按要求加入已溶好的锑白粉。

（4）加入锑白粉搅均匀后，根据化验分析结果加入沉铜所需的锌粉。注意：锌粉加入时，必须细加慢散。

（5）锌粉加入后，搅拌 40 ~ 60min，取样分析，当铜低于 200mg/L 后通知地槽转液。

3.8.4.5 除镉岗位操作规程

除镉岗位操作规程是：

（1）检查设备运行是否正常，管道是否畅通，设备润滑油是否充足。

（2）一切妥当后泵入 70 ~ 80m^3 的沉铜压滤液。

（3）根据分析结果准确计算出除镉所需的锌粉量。

（4）启动搅拌机，缓慢加入除镉所需锌粉。

（5）锌粉加入后继续搅拌 40 ~ 60min，取样分析，当镉低于 300mg/L 后通知地槽转液。

3.8.5 铜镉渣处理工序的安全文化

3.8.5.1 铜镉渣处理工序的安全生产隐患

铜镉渣处理工序的安全生产隐患主要是：

(1) 铜镉渣处理工序可能存在的主要危险源有易燃易爆气体、机械碰撞及转动伤害、起重设备、电解槽、高处作业等。

(2) 铜镉渣处理工序可能导致事故发生的主要原因有设备设施缺陷、技术与工艺缺陷、防护装置缺陷、作业环境差、规章制度不完善和违章作业等。

(3) 铜镉渣处理工序可能发生事故的主要类别有火灾、爆炸、机械伤害、起重伤害、淹溺、触电、噪声等。

(4) 铜镉渣处理工序可能产生安全隐患的主要因素有:

1) 海绵镉溶解过程中产生的大量氢气未能及时排出，或因设备泄漏到车间内遇明火形成火灾、爆炸。

2) 起重机械未设置过载限制器、防撞装置、轨道极限限位安全保护装置等安全装置，从而导致的起重伤害事故。

3) 起重机械用的钢丝绳断裂，吊物坠落引发的吊物伤人事故。

4) 斜梯、操作平台未设置安全防护栏，可引发人员高处坠落事故。

5) 电解生产中产生酸雾，工人未进行劳动防护，造成职业伤害。

6) 槽面作业时，可能发生工人落入电解槽中，造成淹溺事故。

7) 变压器、整流机组可能发生火灾、爆炸事故。

8) 工人在电解车间不正确使用金属工具，可能造成槽间短路，造成触电事故。

9) 锌粉在堆放过程中自燃或与氧化物反应燃烧，发生火灾甚至爆炸事故。

3.8.5.2 铜镉渣处理工序的安全生产预防措施

铜镉渣处理工序的安全生产预防措施是:

(1) 铜镉渣处理工序从业人员在从业前应接受岗位技术操作规程的培训，了解其作业场所和工作岗位存在的危险因素、防范措施及事故应急措施。

(2) 铜镉渣处理工序从业人员在作业过程中，应当严格遵守本单位的安全生产规章制度和操作规程，服从管理，正确佩戴和使用劳动防护用品。

(3) 进入车间者严禁喝酒、追逐嬉闹，严禁在槽面上吸烟、用明暗火。

(4) 严禁烟火，照明灯具离槽面 3m 以上，注意碰裂或酸雾汽熏自爆，以防起火触电。

(5) 铜镉渣处理工序从业人员发现事故隐患或者其他不安全因素，应当立即向现场安全生产管理人员或者本单位负责人报告。

(6) 铜镉渣处理工序从业人员发现直接危及人身安全的紧急情况时，有权停止作业或者在采取可能的应急措施后撤离作业场所。

(7) 特种作业人员（电工、焊工、装载机司机、起重机械司机、空压机工、锅炉工等）必须经培训后取得特种作业操作资格证书后方能上岗。

(8) 起重机械应定期进行安全检查，确保设备完好，安全装置齐全有效。起重机作业时应有专人指挥协调。

(9) 搬运各类物料时，车辆停稳，上下车要踩稳递实，不准随车押运，搬运稳妥，堆码牢固，摆放斜度以 80°左右为宜，堆、摆放量要适中，以防滑落、跌倒伤人。

(10) 槽面作业要严格遵守作业规程，防止踩空落入槽中。

(11) 直梯、斜梯、栏杆及平台的制作符合安全技术条件的要求。

（12）作业场所危险区域内设置安全警示标志。

3.8.5.3 铜镉渣处理工序的职业卫生防护措施

铜镉渣处理中影响职业健康的因素主要有酸雾、噪声、振动等，其中，酸雾对身体健康危害较大。采取的职业卫生防护措施主要有：

（1）积极采用有效的职业病防治技术和工艺，限制使用或逐步淘汰职业病危害严重的技术和工艺。

（2）严格在线设备的管理制度，加强通风排毒，杜绝有毒、有害气体和液体的跑、冒、漏现象发生。

（3）严格执行职工劳保用品穿戴制度，杜绝违规现象的发生，对违规者按相关规定处罚。

（4）仓库必须严格劳保用品入库验收，确保劳保用品质量合格，品种适用，对不符合质量要求的劳保用品不得办理入库手续。

（5）生产车间员工每年进行一次有毒、有害金属含量检测，所需费用由企业负担。

（6）新建、扩建、改建和技术改造项目可能产生职业病危害的，在可行性论证阶段应做职业病危害预评价。

（7）新进员工按规定进行相应的身体检查。离厂员工安排进行相应的身体检查。

3.8.5.4 铜镉渣处理工序的安全生产操作规程

A 浸出岗位的安全操作规程

浸出岗位的安全操作规程是：

（1）严格按工艺控制条件进行操作，遵守安全操作规程。

（2）检查排风罩的密闭性，确认密闭完好后方可作业。

（3）进液时，应先检查浸出槽底阀是否关闭，槽内是否有杂物，防腐层等是否完好，加热蒸汽管路和阀门是否漏汽，搅拌机械和泵及相连的电机是否正常，确认无误后方可进液。

（4）作业人员必须穿戴劳动防护用品。

（5）作业现场严禁烟火，严禁在现场进餐。

B 过滤岗位的安全操作规程

过滤岗位的安全操作规程是：

（1）检查液压泵站油位（油位过低及时补油）和各种压力表、液压元件及管路系统有无损坏、泄漏、堵塞。

（2）检查滤板有无破裂，橡胶隔膜有无撕裂，滤布应干净且无破损，滤布密封面有无残渣，中心入料孔是否畅通。

（3）检查电控柜的仪表、指示灯、元器件以及各管道阀门，以保证运行安全，若有异常情况应及时更换和排除，并经常保持电控柜的清洁。

（4）检查机器的各连接部件是否完好，链轮传动系统和卸料机构如轴承、链轮、链条等润滑应良好。

（5）检查入料管路闸阀是否打开，汽动阀是否处于要求的开闭状态。用手转动皮带轮看有无妨碍运转的现象。

(6) 穿戴个人劳动防护用具，严格执行安全技术操作规程、岗位责任制、交接班制度和其他有关规定。

(7) 设备运行过程中应随时注意观察，发现问题应及时处理。观察压力表显示是否正常，指示灯指示是否正常，入料时如有喷料发生，应立即停止入料泵，停车处理。

C 熔镉岗位的安全操作规程

熔镉岗位的安全操作规程是：

(1) 严格遵守设备、工艺操作规程及有关安全规章制度。

(2) 操作前，必须先打开收尘风机并检查其运行情况。

(3) 投料时，首先戴好眼镜面罩以防滤渣溅入眼睛，加碱过程中，要用铲子缓慢加入，不得整袋投进去。

(4) 冒碱过程中，要用斗车到碱渣口处接碱，严禁碱流到地板与水接触发生弹爆现象。

(5) 冲煤渣时，要戴好面罩及两指手套，缓慢向炉内加入，防止用力过猛渣弹出伤人。

(6) 浇铸粗镉锭前，必须先烘干模子，防止冷模子与热金属发生弹爆现象。

(7) 浇铸粗镉锭时，作业人员要按要求穿戴好眼镜和面罩，要缓慢向模子里加入镉水。

(8) 冲洗粗镉锭时，要戴好眼镜，防止碱渣弹出伤人。

(9) 操作完后，关掉收尘风机，停炉保温，搞好现场卫生，并及时离开，避免长时间接触现场环境。

4 湿法炼锌的创新应用

主要作为一种发展趋势和基本常识来编写“湿法炼锌的创新应用”部分，以达到推广普及纳米高科技、国人关注纳米新发展的目的。主要设计“纳米氧化锌的研发应用、纳米快发展的迅猛势头和纳米高科技的惊人成果”三个标题，来简要介绍纳米氧化锌的湿法生产及其相关的纳米科技和实际应用的基本常识。通过“纳米氧化锌的基本知识、纳米氧化锌的湿法生产、纳米氧化锌的实际应用”三个标题来简要介绍“纳米氧化锌的研发应用”；通过“纳米新知识：自由组合原子创造纳米新材料”和“纳米新趋势：超越信息时空迎接纳米新时代”两个标题来简要反映“纳米快发展的迅猛势头”；通过纳米技术在电子、医学、航天、环保、能源、生活、军事等七个领域的科技革命来简要体现“纳米高科技的惊人成果”。

4.1 纳米氧化锌的研发应用

4.1.1 纳米氧化锌的基本知识

4.1.1.1 纳米氧化物（纳米氧化锌）的独特性质

纳米氧化物（纳米氧化锌）的独特性质有：

（1）光谱性质。纳米氧化物晶体的光谱性质有其特殊性。红外吸收谱研究表明，随着晶粒尺寸的减小，红外吸收峰趋于宽化。这是因为随着粒径减小，纳米晶体的比表面积增大，表面原子所占比例增大，由于界面原子与内层原子的差异导致了红外吸收峰的宽化。此外，由于纳米晶体的表面存在大量断键，产生的离域电子在表面和体相之间重新分配，使该区域的力常数增大，键的强度增大，从而导致红外区的吸收频率上升，红外吸收峰发生蓝移。

（2）磁性和吸波特性。氧化纳米晶具有优良的电磁波吸收特性。这类材料可望被用做高效宽频谱的吸波剂，在国防工业和日常生活中都有重要应用。

（3）催化性质。经研究发现：Na+掺杂的金属氧化物纳米材料对一些聚合反应具有明显的催化作用。

（4）增强增韧作用。纳米氧化物填充改性聚合物材料是纳米材料应用的另一个重要方面。刚性的无机粒子填充到聚合物材料后可以提高聚合物材料的刚性、硬度和耐磨性等性能，但普通的无机粉体填料填充改性聚合材料时在增强这些性能的同时，大都会降低聚合物材料的强度和韧性。而纳米氧化物由于粒径小、比表面积大，与聚合物材料复合后，与基体材料间有很强的结合力，不仅能提高材料的刚性和硬度，还可起增强、增韧效果。

4.1.1.2 纳米氧化物（纳米氧化锌）的制备方法

传统的复合氧化物的制备通常是以固态的氧化物或金属碳酸盐为原料，球磨后经高温固相反应，再粉碎得到复合氧化物粉体。由于高温固相反应产物的粒径大、分布宽，而且某些组分易于挥发或发生偏析，所以一般不宜用来制备纳米氧化物。纳米复合氧化物的制备通常采用液相法，即通过反应原料的液相混合使各金属元素高度分散，然后在较低的反应温度环境下制备纳米材料。其制备方法主要包括共沉淀法、溶胶-凝胶法、有机配合物前驱体法等。

（1）沉淀法。这是液相化学反应合成金属氧化物纳米颗粒最早采用的方法。它的成本较低，但问题较多。由于一些金属不容易发生沉淀反应，这种方法适用面有限。

（2）溶胶-凝胶法。这种方法不仅可以制备无机氧化物纳米材料，还可以制备有机/无机的复合材料。传统的溶胶-凝胶法一般采用有机金属醇盐为原料，通过水解、聚合、干燥等过程得到固态前驱物，最后再经热处理得到纳米材料。由于采用金属醇盐为原料，使该方法成本较高。凝胶化过程较慢，因此合成周期较长。另外，一些不容易通过水解聚合的金属如碱金属较难结合到凝胶网络中，使得该方法制得的纳米复合氧化物种类有限。

（3）有机配合物前驱体法。这也是一种常用的纳米氧化物的制备方法，其原理是首先制备高分散的金属-有机配合物的复合前驱体，然后通过热分解的方法除去有机配体得到纳米复合氧化物。同溶胶-凝胶法相比，该方法原料来源广、价格便宜，一些不能水解聚合的金属离子也可以通过该方法制得复合氧化物纳米晶。由于不同金属离子具有不同的配位能力，在形成复合前驱体的过程中一部分金属离子容易发生偏析现象，使得金属离子的混合效果不尽理想。

（4）交流电沉积法。采用不同的金属丝（或片）为电极，可以得到不同金属的氧化物或氢氧化物纳米材料。

4.1.1.3 纳米氧化物（纳米氧化锌）的产品分类

在纳米氧化锌的标准中将产品分为3类。各类的主要用途不同，不同的用户及购买者可以根据需要选择使用，以达到物尽其用。

4.1.1.4 纳米氧化物（纳米氧化锌）的生产状况

2001年，国内纳米氧化锌材料的生产规模达到4000t，许多厂家从那时开始酝酿着建立生产线。2005年生产规模达到10000t以上。

4.1.2 纳米氧化锌的湿法生产

纳米氧化锌的湿法生产过程为：使用湿法炼锌中净化工序前的含杂质硫酸锌溶液，通过加入沉淀剂除杂质得到含锌纳米化合物，再分别经过湿法处理制成1～100nm范围的纳米氧化锌和晶须氧化锌。

4.1.3 纳米氧化锌的实际应用

纳米氧化锌的主要应用有：

（1）纳米氧化锌在橡胶和轮胎工业中的应用。普通氧化锌是橡胶和轮胎工业必不可少的添加剂，也用做天然橡胶、合成橡胶及胶乳的硫化活性剂和补强剂及着色剂。使用纳米氧化锌因其强烈的硫化促进作用，可全面提高橡胶性能，并同时减少用量，其用量仅为普通氧化锌的30%～50%。

（2）纳米氧化锌在化学工业中的应用。普通氧化锌被广泛用做催化剂、脱硫剂，如合成甲醇时作催化剂，合成氨时作脱硫剂；而纳米氧化锌则因其表面的高活性可以提高催化剂的选择性能和催化效率，具有广泛的潜在应用市场。

（3）纳米氧化锌在涂料工业中的应用。普通氧化锌除了具有着色力和遮盖力外，还作为涂料中的防腐剂和发光剂；而纳米氧化锌则因其优异的紫外线屏蔽能力，使其在涂料的抗老化等方面具有突出特性。

（4）纳米氧化锌在医药卫生和食品工业中的应用。普通氧化锌具有拔毒、止血、生肌收敛的功能，也用于橡皮膏原料，而且对于促进儿童智力发育具有帮助；纳米氧化锌用于食品卫生行业的需求在逐步扩大，但是产品要求也比较严格，尤其是有害的重金属元素含量要求很严格。

（5）纳米氧化锌在玻璃和陶瓷工业中的应用。普通氧化锌在特种玻璃制品生产中主要用做助熔剂；纳米氧化锌则由于颗粒细、活性高，可以降低玻璃和陶瓷的烧结温度，并使制备的陶瓷釉面更加光洁且具有抗菌、防酶、除臭等功效。

（6）纳米氧化锌在印染工业中的应用。普通氧化锌用做防染剂；纳米氧化锌可起到加强作用。

（7）纳米氧化锌在电子工业中的应用。普通氧化锌既是压敏电阻的主原料，也是磁性、光学等材料的主要添加剂；纳米氧化锌用于制备压敏电阻，不仅可以降低烧结温度，而且能够提高压敏电阻性能，如通流能力、非线性系数等。

（8）纳米氧化锌在光学器件中的应用。它将随着纳米氧化锌光学性能的深入研究而取得突破性成果。

4.2 纳米快发展的迅猛势头

4.2.1 纳米新知识：自由组合原子创造纳米新材料

4.2.1.1 纳米概述

纳米冰箱、纳米洗衣机、纳米丝绸，以至纳米水、纳米油……近年来，想找出一种还没有和“纳米”搭上界的产品，恐怕不是一件容易的事。“伪纳米”铺天盖地，但“纳米”却是真实的。7 项纳米材料国家标准及相关专家提出的种种信息，给出了辨别真伪“纳米”的依据。根据国家质量监督总局和国家标准化委员会正式颁布的《纳米材料术语》（GB/T 19619—2004）来规范相关纳米概念。

（1）纳米的预言。1959 年，美国著名物理学家、诺贝尔奖获得者理查德·费曼首次提出按人的意志安排一个原子和分子的设想，预言了纳米科技的出现。

（2）纳米的起源。最早以“纳米”命名的材料起源于 20 世纪 80 年代。

（3）纳米的概念。“纳米”是英文 nanometer 的中文译名，是一个长度计量单位。如同 1 米通常用 1m 表示，1 纳米通常用 1nm 来表示，1nm 等于 10^{-9}m（它是 1 米的十亿分之一）。

（4）纳米的尺度。在 1nm 至 100nm 范围内的几何尺度。

（5）纳米的冠名。经过权威部门检测，符合 1～100nm 范围这个国家标准的就是纳米材料，否则就不能冠以纳米的字样。

（6）纳米的使命。就是要通过一个个地摆弄原子和分子，制造新的材料，从根本上改变材料生产的方式。也就是利用纳米技术可选定原子按意愿构成分子，制造出各式各样具有新特殊性的新材料。这些新材料具有新的物理和化学的特性。在材料工业上，发展低原料消耗、低废弃、低污染、环境保护型的新型材料，给材料制造业带来革命性的变革。然后，将这些新材料组建成新的器件，产生新功能的新产品。

（7）纳米的发展。纳米的发展就是微观科技的发展，其趋势就是从微米（10^{-6}m）科技（10^{-3} ~ 10^{-6}m）向纳米（10^{-9}m）科技（1 ~ 100nm）的发展。即从 10^{-6}m 到 10^{-9}m 的发展，也是从光学显微镜下的世界向电子显微镜/隧道显微镜下的世界发展的过程，还是从块体材料向纳米材料（就是原子/分子集合体）发展的过程。再研究发展下去就到了 10^{-10}m（0.1nm）至皮米（10^{-12}m）和飞米（10^{-15}m）的高能物理的世界，也就进入了“原子核”的世界了。

4.2.1.2 纳米技术概述

纳米技术的起源地是美国。

纳米技术的标准定义为：研究纳米尺度范围物质的结构、特性和相互作用，以及利用这些特性制造具有特定功能产品的技术。也可表述为：能操作细小到 1 ~ 100nm 物件的一类新发展的高技术。生物芯片和生物传感器等都可归于纳米技术范畴。

纳米技术广义范围主要包括 4 个方面：

（1）纳米材料技术，着重于纳米功能性材料的生产（超微粉、镀膜、纳米改性材料等）。

（2）纳米测量技术，主要是性能检测技术（化学组成、微结构、表面形态、物、化、电、磁、热及光学等性能）。

（3）纳米加工技术，包含精密加工技术（能量束加工等）及扫描探针技术。

（4）纳米应用技术。

纳米技术的应用主要包括 8 个方面：

（1）纳米技术在新材料中的应用。

（2）纳米技术在微电子和电力等领域中的应用。

（3）纳米技术在制造业中的应用。

（4）纳米技术在生物和医药学中的应用。

（5）纳米技术在化学和环境监测中的应用。

（6）纳米技术在能源和交通等领域中的应用。

（7）纳米技术在农业中的应用。

（8）纳米技术在日常生活中的应用，主要表现在以下 5 个方面：

1）衣。在纺织和化纤制品中添加纳米微粒，可以除味杀菌。化纤布虽然结实，但有烦人的静电现象，加入少量金属纳米微粒就可消除静电现象。

2）食。利用纳米材料，冰箱可以抗菌。纳米材料做的无菌餐具、无菌食品包装用品已经面世。利用纳米粉末，可以使废水彻底变清水，完全达到饮用标准。纳米食品色香味俱全，还有益健康。

3）住。运用纳米技术，可使墙面涂料的耐洗刷性提高 10 倍。玻璃和瓷砖表面涂上纳米薄层，可以制成自洁玻璃和自洁瓷砖，根本不用擦洗。含有纳米微粒的建筑材料，还可以吸收对人体有害的紫外线。

4）行。纳米材料可以提高和改进交通工具的性能指标。纳米陶瓷有望成为汽车、轮船、飞机等发动机部件的理想材料，能大大提高发动机效率、工作寿命和可靠性。纳米卫星可以随时向驾驶人员提供交通信息，帮助其安全驾驶。

5）医。纳米技术将是健康生活的好帮手。利用纳米技术制成的微型药物输送器，可携带一定剂量的药物，在体外电磁信号的引导下准确到达病灶部位，有效地起到治疗作用，并减轻药物的不良反应。用纳米制造成的微型机器人，其体积小于红细胞，通过向病人血管中注射，能疏通脑血管的血栓，清除心脏动脉的脂肪和沉淀物，还可“嚼碎”泌尿系统的结石等。

4.2.1.3 纳米材料概述

A 纳米材料的定义

纳米材料是20世纪80年代末、90年代初发展起来的新型功能材料。其定义为：材料的基本结构单元至少有一维处于纳米尺度范围（一般在1～100 nm），并由此具有某些新特性的材料。所有纳米材料应当具有3个共同的结构特点：

（1）纳米尺度的结构单元或特征维度尺寸在纳米数量级（1～100nm）。

（2）存在大量的界面或自由表面。

（3）各纳米单元之间存在或强或弱的相互作用。

2011年10月19日欧盟委员会日前通过了对纳米材料的定义，之后又对这一定义进行了解释。根据欧盟委员会的定义，纳米材料是一种由基本颗粒组成的粉状或团块状天然或人工材料，这一基本颗粒的一个或多个三维尺寸在1～100nm之间，并且这一基本颗粒的总数量在整个材料的所有颗粒总数中占50%以上。

B 纳米材料的性能

由于这种结构上的特殊性，使纳米材料表现出许多优异的性能：

（1）光学性质。所有的纳米金属颗粒都呈现为黑色，尺寸越小，颜色越黑，如银白色的铂（白金）在纳米状态下会变成铂黑。金属纳米颗粒对光的反射率很低，通常可低于1%，大约几千纳米的厚度就能完全消光。利用这个特性，纳米材料可以作为高效率的光热、光电转换材料。此外，也可用于红外敏感元件及红外隐身技术等领域。

（2）热学性质。固态物质在纳米化后其熔点显著降低，当颗粒的粒径小于10nm量级时这种现象尤为显著。例如，银的常规熔点为670℃，而纳米银的熔点可低于100℃。因此，超细银粉制成的导电浆料可以进行低温烧结，此时元件的基片不必采用耐高温的陶瓷材料，甚至可用塑料。日本川崎制铁公司采用100～1000nm的铜、镍纳米颗粒制成导电浆料可代替钯与银等贵重金属。纳米颗粒熔点下降的性质对粉末冶金工业具有较大的吸引力。

（3）磁学性质。纳米磁性颗粒材料具有高矫顽力和超顺磁特性，普通的纯铁矫顽力约为80A/m，而当颗粒尺寸减小到20nm以下时，其矫顽力可增加1000倍，若进一步减小其尺寸，大约小于6nm时，其矫顽力反而降低到零，呈现出超顺磁性。利用磁性纳米颗粒具有高矫顽力的特性，已做成高储存密度的磁记录磁粉，应用于磁带、磁盘、磁卡以及磁性钥匙等。利用超顺磁性，人们已将磁性纳米颗粒制成用途广泛的磁性液体。

（4）力学性质。陶瓷材料在通常情况下呈脆性，然而，由纳米颗粒压制成的陶瓷材料却具有良好的韧性。因为纳米材料具有大的表面，原子在外力变形的条件下很容易迁移，因此表现出较好的韧性与一定的延展性，使陶瓷材料具有新奇的力学性质。美国学者报道，氟化钙纳米材料在室温下可以大幅度弯曲而不断裂。呈纳米晶粒的金属要比传统的粗晶粒金属硬3~5倍。金属-陶瓷等复合纳米材料则可在更大的范围内改变材料的力学性质，应用前景十分宽广。

(5) 超导电性、介电性能，以及声学特性等方面。

C 纳米材料的分类

纳米材料大致可分为4类：

(1) 纳米粉末。纳米粉末开发时间最长、技术最为成熟，是生产其他3类产品的基础。纳米粉末又称为超微粉或超细粉，一般指粒度在100nm以下的粉末或颗粒，是一种介于原子、分子与宏观物体之间处于中间物态的固体颗粒材料。可用于高密度磁记录材料、吸波隐身材料、磁流体材料、防辐射材料、单晶硅和精密光学器件抛光材料、微芯片导热基片与布线材料、微电子封装材料、光电子材料、先进的电池电极材料、太阳能电池材料、高效催化剂、高效助燃剂、敏感元件、高韧性陶瓷材料（摔不裂的陶瓷，用于陶瓷发动机等）、人体修复材料、抗癌制剂等。

(2) 纳米纤维。纳米纤维指直径为纳米尺度而长度较大的线状材料。可用于微导线和微光纤（未来量子计算机与光子计算机的重要元件）材料、新型激光或发光二极管材料等。静电纺丝法是目前制备无机物纳米纤维的一种简单易行的方法。

(3) 纳米膜。纳米膜分为颗粒膜与致密膜。颗粒膜是纳米颗粒黏在一起，中间有极为细小的间隙的薄膜。致密膜指膜层致密但晶粒尺寸为纳米级的薄膜。可用于气体催化（如汽车尾气处理）材料、过滤器材料、高密度磁记录材料、光敏材料、平面显示器材料、超导材料等。

(4) 纳米块体。纳米块体是将纳米粉末高压成型或控制金属液体结晶而得到的纳米晶粒材料。主要用于超高强度材料、智能金属材料等。

D 纳米材料的特性

纳米材料主要具有4大效应：

(1) 小尺寸效应。当纳米结构单元的尺寸与某些物理特征尺寸相当或更小时，使得材料产生出新的特殊性质的现象。

(2) 表面效应。纳米颗粒表面原子数与总原子数之比随粒度变小而急剧增大后，引起材料性质发生显著变化的现象。

(3) 量子尺寸效应。纳米颗粒尺寸下降到一定值时，费米能级附近的电子能级由准连续能级变为离散能级的现象。

(4) 宏观量子隧道效应。纳米颗粒的一般宏观量具有穿越宏观系统的势垒而产生变化的现象。

E 纳米材料的制法

纳米材料主要采用3类制备方法：

(1) 物理方法（惰性气体下蒸发凝聚法）。通常由具有清洁表面的、粒度为1~100nm的微粒经高压成形而成，纳米陶瓷还需要烧结。国外用上述惰性气体蒸发和真空原位加压方法已研制成功多种纳米固体材料，包括金属和合金、陶瓷、离子晶体、非晶态和半导体等纳米固体材料。

（2）化学方法。包括两个方面：

1）水热法，包括水热沉淀、合成、分解和结晶法，适宜制备纳米氧化物。

2）水解法，包括溶胶-凝胶法、溶剂挥发分解法、乳胶法和蒸发分离法等。

（3）综合方法。结合物理气相法和化学沉积法所形成的制备方法。其他一般还有球磨粉加工、喷射加工等方法。

F 纳米材料的应用

纳米材料主要在化学工业方面应用，具体有：

（1）在催化方面的应用。纳米微粒作催化剂比一般催化剂的反应速度提高 10～15 倍。用纳米微粒作催化剂提高反应效率、优化反应路径的研究，是未来催化科学不可忽视的重要研究课题，很可能给催化在工业上的应用带来革命性的变革。

（2）在精细化工方面的应用。在橡胶、塑料、涂料等精细化工领域，纳米材料都能发挥重要作用。如在橡胶中加入纳米 SiO_2，可以提高橡胶的抗紫外线辐射和红外线反射能力。

G 纳米材料的标准

2005 年 2 月 28 日，国家质检总局和国家标准委联合发布了 7 项纳米材料国家标准，这是世界上首次以国家标准形式发布的纳米材料标准。7 项标准已于 2005 年 4 月 1 日起实施，具体如下：

（1）《纳米材料术语》（GB/T 19619—2004）。

（2）《纳米粉末粒度分布的测定 X 射线小角散射法》（GB/T 13221—2004）。

（3）《气体吸附 BET 法测定固态物质比表面积》（GB/T 19587—2004）。

（4）《纳米镍粉》（GB/T 19588—2004）。

（5）《纳米氧化锌》（GB/T 19589—2004）。

（6）《超微细碳酸钙》（GB/T 19590—2004）。

（7）《纳米二氧化钛》（GB/T 19591—2004）。

4.2.2 纳米新趋势：超越信息时空迎接纳米新时代

4.2.2.1 21 世纪占主导地位的主要技术

21 世纪占主导地位的技术主要有纳米技术、超导技术、生物基因技术、干细胞技术和受控热核技术 5 项。其中，纳米技术是 21 世纪最主要的主导技术。

（1）纳米技术：引发新一轮产业革命。

（2）超导技术：迅速实现高速化。

1）磁悬浮式超高速列车是使用超导技术而实现高速化的。世界主要城市将会被磁悬浮新干线连接起来，不再是梦想（早上去纽约，下午回伦敦）。

2）其思想是出自著名海洋工程师们的头脑，即麻省理工学院的研究人员——弗兰克尔和戴维森。他们设计建造了连接伦敦和纽约的大西洋水下磁悬浮列车。

（3）生物基因技术：让生命之树常青。

2000 年，6 个国家 16 所实验室大约 1100 名生物科学家、计算机科学家和技术人员经历13年的努力，绘制完成人体细胞DNA的序列草图。

2003年，完整的人类基因图谱绘制成功。第一幅人类基因图谱的绘制完成，使我们进入了一个新时代，即基因时代的门槛。

基因测序技术的快速发展，将会使人类用更好的方法理解生物的复杂性和人类疾病发生的原因。

通过DNA芯片能够帮助科学家找到很多通过显微镜无法观测到的DNA结构缺陷。科学家已经发现在一个DNA区段多余或丢失的染色体是造成精神分裂症、智力迟钝等病症的原因。

牛津大学科学家发现CNTNAP2这个基因的变异成为儿童语言的障碍，会削弱孩子的语言能力，并且发现孤独症与基因有很大的关系。

（4）干细胞技术：制造人体万能细胞。

干细胞是所有细胞和组织，如大脑、血液、心脏、骨骼和肌肉的来源，是人体的万能细胞。

胚胎干细胞可以复制任何类型的人体细胞。科学家利用干细胞的转换特点治疗各种疾病。

英国将用胚胎干细胞造血，用胚胎干细胞可以无限制造“合成”血液。

《华盛顿邮报》2004年10月8日报道中，康奈尔大学巴松教授说：对于干细胞研究的大多数成果集中在如何把这些细胞转变成心脏细胞、肾脏细胞、骨骼细胞，或者你所需要的任何细胞。而重要的研究是，干细胞还能矫正已有的细胞，修复受损的心脏等。

（5）受控热核技术：再造一个太阳。

这是一劳永逸地解决人类能源问题的唯一途径。

1985年11月，美国和苏联倡议在国际原子能机构框架下，由美国、苏联、日本和欧盟四方参与，建设国际热核实验反应堆。2003年，中国、印度加入了国际热核实验反应堆。2005年6月28日，国际热核实验反应堆决定设在法国南部的卡达拉舍。它模拟太阳内部的核聚变反应，并把产生的惊人的能量稳定地输送到电站。这一实验就是再造一个太阳。它是一劳永逸地解决人类能源问题的唯一途径。计划2025年原型聚变堆投入运行，2040年示范聚变堆投入运行。

中国合肥超导托马克实验室在进行这一实验，他们在2006年7月进行首次放电实验。目前世界上超导托马克实验，只有法国和中国的能正常运转。

4.2.2.2 高新技术在三大领域的发展趋势

曹新、赵振华的《纳米科技时代——奇迹、财富与未来》一书中提到：

（1）以计算机为中心的信息技术革命将延续到21世纪初期。信息产业成为经济增长的主要推动力。1995~1998年，信息技术及其相关产业对美国国内生产总值增长的贡献率占1/3以上。全球互联网用户，1996年不到4000万户，2001年为2.6亿户，2005年超过10亿户。

（2）生物学世纪正处在创新浪潮中。生物技术将得到有史以来从未有过的发展。生物学发展最引人注目的是，它不仅在于了解生命，还在于改造生命，定向进化成为生物技术的新热点。人类面临的一系列重大问题，如人口膨胀、环境污染、粮食匮乏、疾病威胁等，都紧迫地需要发展生物技术以求解决。

（3）以纳米科技为前沿和核心的新材料科技正在引发新的产业革命。在高技术基础上发展起来的高科技产业是衡量一个国家科学技术和经济实力的标志之一。谁要在21世纪站在世界高新技术领域的前沿，谁就应该在纳米新科技领域领先一步。利用纳米技术，人类可能合成出自然界中没有的材料。纳米材料更轻、更强、更硬、更安全，可以自我修复，具有轻质、高强、热稳定和可设计性，然后把这些材料组成更强的较大结构。这些材料具有多功能，能够感知环境的变化并能做出相应的反应。纳米新材料的出现预示着新时代的来临。

4.2.2.3 加速纳米技术创新是实现高附加值的重要途径

纳米技术应用前景十分广阔，经济效益十分巨大。根据有关专家介绍，如果制成纳米材料，销售收入至少增加3倍，可能增加5倍；如果制成纳米材料中的更好材料——晶须材料，销售收入至少增加10倍，可能增加30倍。中国两个成功案例可供参考：一是把普通碳酸钙（石灰）制成纳米碳酸钙后，利润就从原来每吨20元左右增加到1000元左右；二是青海盐湖的氧化镁废渣制成纳米氢氧化镁后，利润也从20～30元左右变成1000多元。美国权威机构预测，2010年纳米技术市场估计达到14400亿美元，纳米技术未来的应用将远远超过计算机工业。纳米复合、塑胶、橡胶和纤维的改性，纳米功能涂层材料的设计和应用，将给传统生产和产品注入新的高科技含量。纺织、建材、化工、石油、汽车、军事装备、通信设备等领域，将免不了一场因纳米而引发的“材料革命”。

4.2.2.4 加速纳米技术创新是21世纪全球竞争的焦点

据资料介绍，著名诺贝尔奖获得者罗雷尔教授说：“如果70年代重视微米技术的国家现在已经成为发达国家，那么从现在开始重视纳米技术的国家，有可能成为21世纪的先进国家。”“氢弹之父”爱德华·特勒预言：“谁更早掌握纳米技术，谁就占据下一世纪技术的制高点。”中国著名科学家钱学森院士也预言：“纳米左右和纳米以下的结构将是下一阶段科技发展的特点，会是一次技术革命，从而将是21世纪的又一次产业革命。”如果20世纪是微米科技世纪的话，21世纪将是纳米世纪。重要的是纳米技术是信息和生物技术能够进一步发展的共同基础，所以纳米技术的意义远远超过了信息技术和生物技术。谁富有精湛的纳米技术，谁就能在21世纪中走在前列。纳米时代正在向我们走来！

4.2.2.5 世界各国全面展开纳米技术领域竞争

A 美国的纳米技术力争全球主导权

纳米技术革命起源于美国。

1990年7月在美国巴尔基摩召开了第一届国际纳米科学技术会议后，纳米材料的研究得到了长足发展。

2000年1月21日，时任美国总统的克林顿在加州理工学院演讲时强调：“纳米科技能在原子和分子水平上操纵物质。想象一下这样的可能性：强度为钢的10倍而重量只有钢的一小部分的材料；把国会图书馆的所有信息压缩进一个只有一块方糖大小的器件中；能检测出只有几个细胞大小的肿瘤。”并同时发表了“国家纳米技术主导权倡议”政策，力争美国在纳米技术领域中的主导地位。紧接着，美国成立了“美国纳米科学、工程与技术委员会”（NSET）。而且美国将纳米科技进行了战略布局，包括：基础研究、重大挑战、优秀中心网络、基础设施、道德、法律、社会影响。

2000年3月，美国政府向全世界公布了纳米技术的启动计划。在这个由26名科学家工作半年完成的几万字的报告中，明显地陈述了一个观点，纳米技术将引起21世纪新的工业革命。

2001年，美国拟定“国家纳米科技计划”，专项拨款5亿美元，并称“纳米科技将领导下一次工业革命”。

B 日本的纳米技术正在进入实用化

日本边疆碳精公司大批生产富勒烯。富勒烯的直径为1nm，呈球状，将其溶于血液后，集中在癌细胞周围，接触光以后能够制造活性氧，破坏周围的癌细胞。2003年5月，北九州年产40t的工厂投产，2007年达到年产1500t。

日本东丽已成功开发出批量生产碳精管，在2004年启动年产数吨的工厂。

2003年11月，日本建立开发碳精纤维的风险企业。帝人公司2003年7月开始生产新型纤维能使聚酯和尼龙相交织，这种新型纤维用于衣料和涂料。

2006年10月25日，《日本时报》报道：御幸毛织公司生产出一种喷有一种只有1nm大的化学颗粒的西装面料，它不会沾上水和油。这种纳米西装每套在10万日元左右。

C 中国的纳米技术已经加紧高节奏

据2009年3月26日英国《卫报》报道，中国正赶超欧美：“中国在这一方面投资已经超过其他国家，仅次于美国。”据介绍，20世纪90年代初，我国科学家解思深等人实现了纳米碳管的定向生长，成功地合成了世界上最长的纳米碳管。

纳米技术正在被很多领域所应用。从北京到深圳，纳米技术工厂如雨后春笋。我国有不少纳米粉体生产线的产能居世界领先地位，年产量达吨级以上的已有20多条，这在世界上也是不多的。在这些产品中许多拥有我国自主知识产权。

在环保材料领域，中国在某些方面的思路甚至走在美国的前面，已经形成一套关于如何利用这些技术改善环境的制度。2012年，为解决水、空气和土壤污染而设计的技术产品，将形成巨大的市场。

由于国家的重视和本领域专家的积极努力，中国的纳米生物技术研究已处于国际先进水平和部分领先水平，开拓了中国纳米生物技术研究的新局面。

D 纳米的专利格局：亚美欧三分天下

2006年5月8日，英国《金融时报》报道：在过去的5年里，全球申请纳米专利的数量每年增长300%，其中亚洲最多，美国次之，而欧洲远远落在后面。

在商业化程度最高的纳米电子领域，日本公司和机构申请的“专利族”（相关专利的集合）占51%，美国占24%，而欧洲仅仅为8%。

2004年，虽然欧洲在纳米技术研究上投入了24亿美元，投资很大，但所获得的专利数量之少令人担忧。

日本的富士通拥有62个专利族，韩国的三星拥有56个专利族。

4.3 纳米高科技的惊人成果

4.3.1 纳米技术：引发电子领域科技革命

4.3.1.1 中国的突破

20世纪90年代中期，中国科学院固体物理所制备出“内芯”为碳化钽的纳米电缆，这对人类制造肉眼看不见的微型器件和微型机器人具有重要作用。1997 年，中国科学院北京真空物理开放实验室在纳米电子学超密信息存储研究中获突破性进展，获得了信息存储点阵的点直径 1.3nm 的成果，比国外的最小存储点直径 10nm 小了近一个数量级。

4.3.1.2　美国的突破

1996 年 7 月，哈佛大学纳米技术研究中心研制成“极微机器人”，体积是跳蚤的 1/10。

4.3.1.3　加拿大的突破

2005 年 6 月 2 日渥太华电：世界上最小的晶体管诞生。艾尔伯塔大学研究人员经过 5 年的工作，创造出世界上最小的晶体管。分子作为电子元件不再是问题，它的体积只有传统晶体管的千分之一，能耗只有传统晶体管的百万分之一，将使计算机的速度提高百万倍，使存储器的容量达到数万亿比特。

4.3.1.4　日本的突破

2008 年 3 月 29 日报道，日本发明全球最小的计算机，仅由 17 个分子组成。17 个分子中有 1 个居中充当控制中心，另外 16 个分子围绕着中心。目前的计算机一次只能处理一项指令。而分子计算机的中心分子可以向 16 个分子发送不同的指令。这台计算机一次可以平行处理 4 的 16 次方，即接近 43 亿种可能的组合。这种一点对多点的传输方法，就能发明出会思考的计算机。

4.3.2　纳米技术：引发医学领域科技革命

4.3.2.1　纳米机器人的研制成功

引人注目的是，利用原子和分子组装成的纳米机器人可以对全身进行检查，疏通脑血管中的血栓，消除心脏动脉脂肪沉积物，吞噬病毒，以及监视体内的病变，修补受损结构，清除大脑中堆积的代谢物，使肌体恢复到年轻时的健康状态。还可以从基因中除去有害的 DNA，把正常的 DNA 安装在基因中，使肌体恢复正常功能。

4.3.2.2　“智能尘埃”机器人的研制成功

俄罗斯已研制出新一代外形极小的“智能尘埃”机器人（是一种微粒），用来诊断消化道疾病，在其内安装了摄像头，还安装了感应器。

4.3.2.3　“微型机器人”的研制成功

澳大利亚莫纳什大学纳米实验室首席科学家詹姆斯说，“微型机器人”仅有 1/4mm，相当于两、三根头发的宽度。它可以进入血管，可以传输图像、运载显微镜，最终可以进行手术。该实验室已经制造出发动机的样机，目前在研究改进组装的方法和改进控制微型机的设备。

4.3.2.4　电脑芯片的研制成功

南加州大学的生物医学工程师特德 ·伯杰正在设计一种可以增加大脑记忆库的电脑芯片。最直接的受益者是那些得了中风、老年痴呆症以及其他病症患者。

4.3.3　纳米技术：引发航天领域科技革命

4.3.3.1　高强超轻的巴基纸

2008 年 10 月 21 日美联社报道：巴基纸是由只有头发丝五万分之一粗细的管状碳分子

组成。巴基纸是制造飞机、汽车的新材料。巴基纸的重量只有普通纸的1/10。如果把一摞巴基纸压制成复合材料，它的强度是钢的500倍。它能像铜、硅那样导电，还能像钢或黄铜那样散热。

4.3.3.2 神奇的碳纳米管

20世纪90年代初，据介绍，中国科学家解思深等人实现了纳米碳管的定向生长，成功地合成了世界上最长的纳米碳管。一根碳纳米管缆绳比钢的强度高100倍，重量只有钢的1/6，5万根排列起来只有头发丝那么粗，但可将人和物质提到外层空间。

1991年，日本电气公司研制成功碳纳米管。

2005年，美国《发现》杂志7月号，题为“太空梯”：爱德华兹是美国航天局月球和木卫行动计划的设计者，1999年就“太空梯”发表了文章，然后又用了两年的时间写了一份详细的计划。他认为：15年之内就可以在离厄瓜多尔海岸1200英里的海面上建立一个平台，一根3英尺宽，厚度比纸张还要薄的碳纳米管绳将与该平台相连，另一端伸向6.2万英里之遥的太空。在地球旋转的向心力作用下，缆绳将会拉得很紧。在激光能源的推动下，“车厢”将货物和人以每小时125英里的速度上升。“太空梯”将大幅度地降低成本。每磅只需要费用100美元，而航天飞机每磅需要1万美元。

2007年11月13日日本《经济学人》报道：尽管太空梯的设想早在100年前就出现，但是那时根本不可能。制造太空梯的材料，其强度必须能够承受60千兆帕斯卡以上的压力。现在即便是最强韧的钢铁也只能达到这一标准的1/30，而碳纳米管的强度可以达到100千兆帕斯卡，太空梯不再是科学幻想小说中的情节。

2009年1月18日，剑桥大学科学家研发出“太空梯”缆绳。这种炭质圆柱形缆绳综合了质量轻、柔性好、强度大等特点。这一突破将使太空旅游发生巨大变化。美国NASA向剑桥索要14.4万英里长的材料。

4.3.4 纳米技术：引发环保领域科技革命

4.3.4.1 纳米净水剂的研制成功

纳米净水剂有极强的吸附力，吸附能力是普通净水剂的10~20倍，可除去污水中的铁锈、悬浮物、异味等。纳米筛可将污水中的细菌、病毒剔除而保留水中有益的微量元素。

4.3.4.2 纳米 TiO_2 的研制成功

纳米 TiO_2 可降解农药和垃圾，催化降解工业废水。

4.3.4.3 纳米滤纸的研制成功

X公司使用孔非常微小的可阻挡细菌和微生物的纳米薄膜研制出各种滤纸，可以将不卫生的水变成为饮用水。

4.3.5 纳米技术：引发能源领域科技革命

4.3.5.1 毫微涡轮机的研制成功

1996年9月，英国科学家研制成毫微涡轮机，直径只有7μm，一张邮票上可以放几千个涡轮机。

4.3.5.2 超微电池的研制成功

法国研制成功超微电池，长、宽、高都是0.004μm，可产生30mV电压，可连续使用75min。

4.3.6 纳米技术：引发生活领域科技革命

4.3.6.1 纳米发电机的研制成功

2008年2月14日，世界首台纳米发电机研制成功。由王中林领导的佐治亚理工学院研究小组研制，纤维外面包着成对的氧化锌纳米管，纳米管受到摩擦后产生微小的电流脉冲。到目前为止，王中林和他的同事已经造出200多个微型纳米发电机。

4.3.6.2 纳米二氧化钛涂料的研制成功

羊毛和丝绸是由天然蛋白质构成，是服装业的昂贵材料，但是难以保持干净。一种毛料涂有二氧化钛纳米粒子涂层，他们给织物洒上红酒，在阳光下晒20h后，织物几乎看不到红酒的痕迹。这种涂料无毒，可以永久地附在织物上，不会改变其质地和手感。

4.3.6.3 纳米纤维的研制成功

2008年10月20日《千年报》报道：康奈尔大学11位研究人员，进行6年的研究，研制出一种“纳米纤维”，它可以自行控制纤维之间的空间大小，可以变换温度。它还能消除葡萄球菌。

4.3.6.4 新型纳米布料的研制成功

2008年12月22日日内瓦电，瑞士科学家发现，新型纳米布料可以完全防水。使用表面层覆有微小硅丝的聚酯纤维能够制造出一种在水中浸泡仍可以保持绝对干燥的布料。这种布料有多种用途。不需要洗衣服的日子离人们越来越近了。

4.3.7 纳米技术：引发军事领域科技革命

4.3.7.1 纳米微粒将在未来军事中起核心作用

2003年12月17日，德国《世界报》报道：纳米技术将使军事领域发生根本性的转变。大小仅仅为几十纳米到100纳米的微粒，将在未来的军事中起核心作用。

4.3.7.2 纳米技术将成为推进军事技术革命的关键技术

武器装备系统超微型化，更加灵活机动；高智能化，由于量子器件的运用，效率将提高1000倍；可以使雷达缩小至几千分之一；纳米战袍隐形变形将无所不能。

4.3.7.3 纳米战争的威胁越来越近

2009年1月29日俄罗斯《红星报》报道：纳米战争的威胁，主要体现在3个方面：

（1）纳米竞赛纳米武器显优。

1）武器系统微型化，出现隐形武器。

2）纳米机器人开始取代各种部队的传统武器。

3）纳米武器的破坏力将大大超过核武器。

（2）纳米武器杀手杀人无形。

（3）纳米军事技术发展迅猛。

参 考 文 献

[1] 彭容秋. 锌冶金 [M]. 长沙: 中南大学出版社, 2005.
[2] 彭容秋. 铅锌冶金学 [M]. 北京: 科学出版社, 2003.
[3] 梅光贵, 王德润, 周敬元, 王辉. 湿法炼锌学 [M]. 长沙: 中南大学出版社, 2001.
[4] 李仕庆. 锌冶炼 [M]. 南宁: 广西科学技术出版社, 2008.
[5] 杨大锦. 湿法提炼锌工艺与技术 [M]. 北京: 冶金工业出版社, 2006.
[6] 王吉坤. 铅锌冶炼生产技术手册 [M]. 北京: 冶金工业出版社, 2001.
[7] 王辉. 电解精炼工 [M]. 长沙: 中南大学出版社, 2007.
[8] 陈家镛. 湿法冶金手册 [M]. 北京: 冶金工业出版社, 2005.
[9] 邱竹贤. 有色金属冶金学 [M]. 北京: 冶金工业出版社, 1988.
[10] 金大康. 粉末冶金纳米材料的制备与应用前景 [J]. 上海有色金属, 2001 (1).
[11] 段振华, 魏镜. 超细粉末的制备和应用 [J]. 粉末冶金工业, 1998 (1).
[12] 赵沛, 郭培民. 纳米冶金技术的研究前景 [C]. 2005 年中国钢铁年会论文集, 2005.
[13] 张晓宇, 等. 纳米铜对粉末冶金渗透碳齿轮件组织与性能影响 [J]. 哈尔滨理工大学学报, 2010 (10).
[14] 张立德, 解思深. 纳米材料和纳米结构 [M]. 北京: 化学工业出版社, 2005.
[15] Rao Y K. Catalysis in extractive metallurgy [J]. Journal of Metals, 1983 (7): 46 ~ 50.
[16] Suryanarayana C. Mechanical alloying and milling [J]. Progress in Materials Science, 2001 (46).

作者简介

夏昌祥，男，汉族，国家二级教授，高级经济师，享受省政府特殊津贴专家，省教学名师，云南财大和师大硕导，昆明理工大兼职教授，省教授评审委员，教育部评估专家。1982年川大稀冶专业本科毕业，1999年中国社科院在职硕士研究生毕业，2011年北师大首届管理创新博士研修班结业。先后任云南驰宏公司副总、云南冶金汽修厂党委书记、昆明冶专党委副书记、校长等职。兼任中华职教总社理事、中国冶金教育学会副理事长、中国冶金职教协会会长等职。主持20多项国家和省部级课题，出版10部专著、教材，其中三本教材评为"十一五"国家级规划教材，主编的《现代企业管理》评为国家级精品课程教材，冶金技术专业国家级教学团队负责人，获得国家级教学成果二等奖和十多项省部级奖等。

刘洪萍，女，汉族，1983年7月毕业于昆明理工大有色冶金专业，曾任昆明冶专职业技能处副处长，现任昆明冶金高等专科学校冶金材料学院副院长，冶金高级工程师、教授。先后在云南驰宏公司、云南新立公司担任技术员、技校讲师、冶金工程师和冶金高级工程师。是国家高职示范专业和云南省特色专业——冶金技术专业项目建设成员和冶金技术专业国家级教学团队成员，先后主持参与科研项目11项，其中参与的"提高电解液游离酸浓度降低电铅片直流电耗"项目获集团总公司科学技术进步二等奖。主编过《湿法冶金——浸出技术》、《氧化铝制取》等教材。

徐征，男，汉族，东北大学有色金属冶金专业毕业，教授。先后担任过昆明冶专冶金矿业学院办公室主任、冶金材料学院副院长、中国冶金教育学会全国高职冶金有色教指委副秘书长。是国家高职示范专业和云南省特色专业——冶金技术专业项目建设负责人和云南省精品课程——"氧化铝制取"负责人，也是冶金技术专业国家级教学团队成员。先后主持和参与"化学复合镀镍过程的自动检测与控制研究"等科研项目14项，主编《氧化铝生产仿真实训》、《火法冶金——熔炼技术》、《湿法冶金——净化技术》等教材。主持完成的"冶金虚拟仿真实训教学平台建设"项目被评为云南省教学成果一等奖。